# Theorie und Berechnung der Luftschrauben

## Mit Beispielen und Versuchsresultaten aus der Praxis

von

**Dipl.-Ing. C. Eberhardt,**
Ingenieur beim Königl. Preuss. Luftschiffer-Bataillon, Berlin

---

Mit 60 Abbildungen im Text

Berlin W.
Verlag von M. Krayn
1910

# Vorwort.

Die vorliegende Arbeit entstand aus einigen mathematischen Studien und Notizen aus der Praxis, die sich im Laufe meiner konstruktiven Tätigkeit auf dem Gebiete des Motorballonbaues angesammelt hatten.

Die über Luftschrauben vorhandene Literatur bot dem vor die praktische Aufgabe gestellten Ingenieur so wenig Anhaltspunkte, daß er im großen ganzen nur auf sein konstruktives Gefühl und auf die Einschätzung der in Betracht kommenden Verhältnisse angewiesen war, denn man wußte eigentlich nicht viel mehr, als daß die Zugkraft der Schraube mit dem Quadrate, ihr Arbeitsbedarf dagegen mit der dritten Potenz der Tourenzahlen steigt. Irgend welche sichere Beziehungen zwischen den Dimensionen einer Luftschraube und ihrer Zugkraft waren nicht bekannt.

Es ist dies auch nicht zu verwundern, da bis vor wenigen Jahren dafür noch kein großes Bedürfnis vorlag, und es andererseits bekannt ist, daß selbst für Wasserschrauben bis heute eine sichere Vorausbestimmung der günstigsten Dimensionen noch nicht möglich ist.

Die Kollegen von dem anderen Element verfügen jedoch über so ausgedehnte und gründliche Erfahrungen auf ihrem Gebiete, daß es ihnen stets möglich ist, im gegebenen Falle das richtige zu treffen.

In der Tat ist es für den in der Praxis stehenden Ingenieur wichtiger, richtig schätzen, als richtig rechnen zu können, jedoch ist die richtige Schätzung ohne eine tiefergehende Kenntnis der Verhältnisse eben nur möglich, auf Grund einer reichen Erfahrung auf dem betreffenden Gebiete.

An diesen Erfahrungen fehlt es aber naturgemäß, wenn es sich, wie in unserem Falle, um eine völlig neue Aufgabe handelt, für die auch infolge der bis dahin nicht gegebenen Notwendigkeit, die theoretischen und physikalischen Unterlagen nur in ungenügender Weise vorhanden sind.

In solchen Fällen ist eine sichere Einschätzung der Verhältnisse nur zu erwarten, wenn eine tiefergehende Kenntnis über den Einfluß der einzelnen Faktoren auf das Ganze, mit der Schätzung eng verbunden ist.

Es ist daher naheliegend, daß man sich diese Erkenntnis zu verschaffen sucht, und ebenso naheliegend ist es, daß man dazu zunächst den einfachsten Weg einschlägt.

Der einfachste Weg ist nun in unserem Falle der, daß man auf Grund der bisher bekannten Luftwiderstandsgesetze über einen gegebenen Schraubenflügel eine Integration ausführt, um auf diese Weise zunächst eine Beziehung zwischen seinen Dimensionen und seiner Leistung zu gewinnen.

Dieser Weg wurde schon öfters eingeschlagen, besonders von französischen Ingenieuren, jedoch nie zu Ende geführt, sei es, weil die mathematischen Verhältnisse bei weiterem Ausbau sich zu kompliziert gestalteten, oder sei es, weil man im Laufe der Arbeit aus irgend welchen Gründen zu der Ueberzeugung gelangte, daß das zu erwartende Resultat mit der Wirklichkeit doch nicht übereinstimmen würde, und daher die weitere Mühe scheute.

Ich habe mich daher auch mit ziemlich wenig Hoffnung auf Erfolg an die Aufgabe herangemacht.

Die erste einfache Integration für eine am Ort arbeitende Schraube mit mathematisch korrekten Flächen zeigte jedoch eine so überraschende Uebereinstimmung mit der Wirklichkeit, daß die weitere Verfolgung des eingeschlagenen Weges zum Ziele zu führen versprach.

Die sich nun schon etwas weniger einfach gestaltende Integration für im Marsch befindliche Schrauben lieferte aber schließlich eine derartig komplizierte Funktion, daß ihre Anwendung in der Praxis wenn auch nicht ausgeschlossen, jedoch so umständlich und unangenehm geworden wäre, daß sich mir die Befürchtung aufdrängen mußte, daß der Praktiker eine solche Gleichung mit äußerst mißtrauischem Blicke betrachten würde, wenngleich die ihrer Ableitung zu grunde liegenden Voraussetzungen sehr einfache sind.

Ich hätte es daher nicht gewagt, die Anwendung jener komplizierten Gleichungen in Vorschlag zu bringen, indem ich diese Arbeit der Oeffentlichkeit übergebe, wenn es mir nicht gelungen wäre, durch eine eingehendere mathematische Untersuchung der in Rede stehenden Funktion den Nachweis zu liefern, daß dieselbe innerhalb des praktisch in Betracht kommenden Gebietes mit großer Genauigkeit durch eine gerade Linie ersetzt werden kann.

Diese glückliche Eigenschaft der fraglichen Funktion gestaltete nun den weiteren Verlauf der Arbeit ebenso einfach, wie er vorher hoffnungslos kompliziert erschien.

Es bot nun keine Schwierigkeiten mehr, die bisher nur für normale Schraubenflächen abgeleiteten Beziehungen ohne weiteres auch für Schrauben mit gewölbten Flächen anzuwenden, die auf Grund der Lilienthalschen Studien für die praktische Ausführung allein von Bedeutung sein konnten. In der Tat wird es heutzutage keinem Konstrukteur mehr einfallen, eine Luftschraube ohne mehr oder weniger sachgemäße Wölbung der Flächen zu entwerfen, da deren Vorteile zu deutlich auf der Hand liegen.

Schließlich möchte ich bemerken, daß ich mir nicht erlaubt hätte, meinen Kollegen die nachfolgenden Studien zur Anwendung in der Praxis zu empfehlen, wenn ich nicht die Gelegenheit gehabt hätte, an den zahlreichen Luftschrauben, mit denen ich in meinem Berufe zu tun hatte, stets die Uebereinstimmung meiner Rechnungen mit der Wirklichkeit feststellen zu können.

Diejenigen Fachgenossen, die an komplizierteren mathematischen Ableitungen keine Freude zu empfinden vermögen, möchte ich bitten, sich deshalb von der Lektüre dieses Buches nicht abhalten zu lassen. Es ist jede Zwischenrechnung vermieden, so weit es in Rücksicht auf die knappe Andeutung des Rechnungsganges notwendig war. Dagegen sind überall da, wo es erforderlich erschien, Rechnungsproben entweder mathematischer oder graphischer Natur gegeben, so daß dem Leser die Gelegenheit geboten ist, sich von der Richtigkeit der logischen Entwicklung zu überzeugen, ohne sich der Mühe einer Nachrechnung unterziehen zu müssen.

Charlottenburg, im November 1909.

C. Eberhardt.

# Bezeichnungen und Abkürzungen.

$Q$ = Luftwiderstandskraft.
$S_0$ = Zugkraft am Ort.
$S$ = Zugkraft im Marsch.
$P$ = Umfangskraft.
$M$ = Drehmoment.
$N_i$ = eingeleitete Arbeit oder Motorenstärke.
$N_e$ = effektive Arbeit der Schraube.
$\eta = \frac{N_e}{N_i}$ = Nutzeffekt.
$\varepsilon = \frac{S}{N_i}$ = Effekt.
$R$ = äußerer Radius der Schraube.
$r$ = innerer Radius der Schraube.
$\beta$ = Flügelbreite.
$\beta'$ = reduzierte Flügelbreite für gewölbte Flächen.
$s$ = Steigung.
$z$ = Flügelzahl.
$n$ = Tourenzahl.
$w$ = Winkelgeschwindigkeit.
$u$ = Umfangsgeschwindigkeit.
$c$ = Marschgeschwindigkeit.
$c_i = \frac{s\,n}{60}$ = ideelle Marschgeschwindigkeit.
$v$ = absolute Geschwindigkeit der Flächenelemente.
$\alpha$ = Steigungswinkel.
$\alpha'$ = Einfallswinkel der Luft auf die Flächenelemente.
$\gamma$ = Gewicht von 1 cbm atmosphärischer Luft.
$g$ = Beschleunigung der Erde.
$a = \frac{s}{2\,\pi}$
$b = \frac{c}{w}$
$\varphi$ = Wölbungsgrad.
$K$ = Wölbungskoeffizient.

# Inhaltsverzeichnis.

# I. Hubschrauben.

## 1. Berechnung der Zugkraft.

Der in Fig. 1 skizzierte Schraubenflügel mit dem äußeren Radius $R$ und dem inneren Radius $r$ besitzt die Steigung $s$ und eine auf der ganzen Länge konstante Flügelbreite $\beta$.

Es soll nun die Zugkraft dieses Flügels als Funktion der Winkelgeschwindigkeit $w$ dargestellt werden.

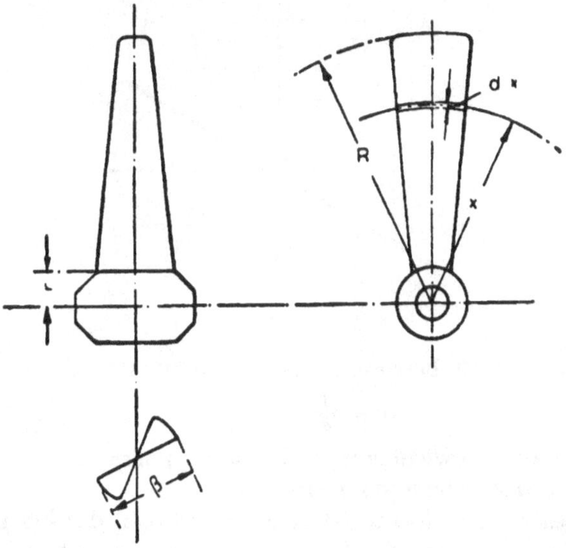


Fig. 1.

Das durch eine Zylinderfläche mit dem Radius $x$ aus dem Flügel herausgeschnittene Flächenelement $d\,f$, kann bei der geringen Flügelbreite der Luftschrauben gegenüber ihrem Durchmesser mit genügender Genauigkeit durch eine ebene Rechteckfläche von der Breite $\beta$ und der Höhe $d\,x$ ersetzt werden.

In Fig. 2 bedeutet $\alpha$ den Winkel, den dieses Flächenelement bei der Rotation des Schraubenflügels mit seiner Bewegungsrichtung einschließt.

Dieser Winkel bestimmt sich nach den Eigenschaften einer Schraubenfläche aus der Gleichung:

$$tg\ \alpha = \frac{s}{2\ x\ \pi} \quad . \ . \ . \ . \ . \ . \ . \ . \ . \ . \quad 1)$$

In Fig. 2 bedeutet weiterhin *u* die Umfangsgeschwindigkeit des betrachteten Flächenelementes. Bei der für den Schraubenflügel gegebenen Winkelgeschwindigkeit *w* ergibt sich die Umfangsgeschwindigkeit als Funktion von *x* zu:

$$u = x\ .\ w$$

Ferner sei $d\,Q$ der Normaldruck, den das Flächenelement während der Bewegung durch den Luftwiderstand erfährt und schließlich $d\,S_0$ und $d\,P$ die Komponenten dieses Normaldruckes in Richtung der Schraubenachse bezw. in der Bewegungsrichtung des Flächenelementes.

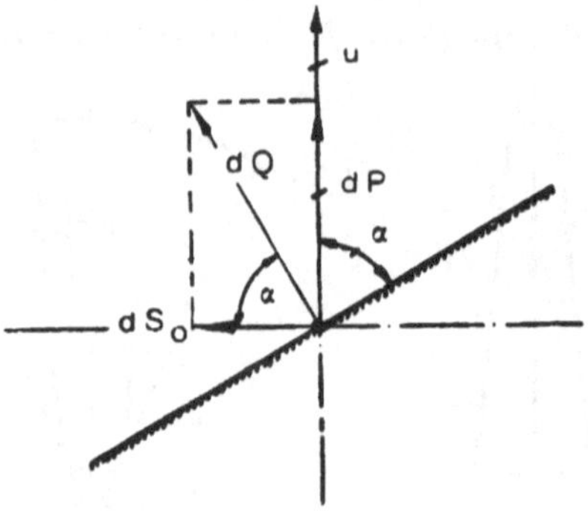


Fig. 2.

Nach Loeßl bestimmt sich der Normaldruck zu

$$d\ Q = \frac{\gamma}{g}\ d\ f\ u^2\ sin\ \alpha \quad . \ . \ . \ . \ . \ . \ . \quad 2)$$

wobei $\gamma$ das Gewicht von 1 cbm atmosphärischer Luft und *g* die Erdbeschleunigung bedeutet.

Dieser Normaldruck ist also proportional der Fläche $d\,f$ und dem Sinus des Winkels, den die Fläche mit ihrer Bewegungsrichtung einschließt, ferner wächst derselbe mit dem Quadrate der Geschwindigkeit.

Das in Gleichung 2 formulierte, oft heftig angegriffene Loeßlsche Luftwiderstandsgesetz findet in den zahlreichen Versuchen von Loeßl und von Lilienthal eine sehr gute Bestätigung. Lilienthal gibt die im Loeßlschen Gesetz auftretende Konstante $\frac{\gamma}{g}$ zu 0,13 an. Dividieren wir das Gewicht von 1 cbm atm. Luft = 1,293 kg durch die Erdbeschleunigung 9,81 m, so ergibt sich tatsächlich die auch von Lilienthal verwendete Konstante von 0,13.

Ersetzen wir in Gleichung 2 die Fläche $df$ durch das Produkt $\beta \cdot dx$ und die Geschwindigkeit $u$ im Abstande $x$ von der Drehachse durch das Produkt $xw$, so geht dieselbe über in:

$$dQ = \frac{\gamma}{g} \beta \, dx \, w^2 x^2 \sin \alpha$$

Die Komponente dieser Kraft in Richtung der Schraubenachse, also der Anteil, den das Flächenelement zur Schubkraft des Flügels beiträgt, ergibt sich dann nach Fig. 2 zu $dS_0 = dQ \cos \alpha$ und nach Einsetzen des eben gefundenen Ausdruckes für $dQ$ wird:

$$dS_0 = \frac{\gamma}{g} \beta \, dx \, w^2 x^2 \sin \alpha \cos \alpha \quad . \; . \; . \; . \; . \quad 3)$$

Nun ist

$$\sin \alpha \cos \alpha = \frac{tg \, \alpha}{1 + tg^2 \, \alpha}$$

und unter Beachtung der Gleichung 1 erhalten wir dieses Produkt als Funktion von $x$ zu:

$$\sin \alpha \cos \alpha = \frac{x \, s}{2 \pi \left( x^2 + \frac{s^2}{4 \pi^2} \right)}$$

so daß die Differentialgleichung 3 für die Schubkraft übergeht in:

$$dS_0 = \frac{\gamma}{g} \beta \, dx \, w^2 \frac{x^3 \, s}{2 \pi \left( x^2 + \frac{s^2}{4 \pi^2} \right)}$$

Setzen wir $\frac{s}{2\pi} = a$ so wird:

$$dS_0 = a \beta \frac{\gamma}{g} w^2 \frac{x^3}{x^2 + a^2} dx \quad . \; . \; . \; . \; . \quad 4)$$

Durch Integration dieser Gleichung zwischen den Grenzen $x = R$ und $x = r$ erhalten wir die gesamte Zug- oder Schubkraft des Flügels zu:

$$S_0 = a \beta \frac{\gamma}{g} w^2 \int_r^R \frac{x^3 dx}{x^2 + a^2}$$

und nach Lösung des Integrals ergibt sich dafür:

$$S_0 = a \beta \frac{\gamma}{g} w^2 \left[ \frac{x^2 + a^2}{2} - \frac{a^2}{2} \ln (x^2 + a^2) \right]_{x = r}^{x = R}$$

so daß wir nach Auswertung des bestimmten Integrals und nach einigen Umformungen schließlich erhalten:

$$S_0 = a \beta \frac{\gamma}{g} w^2 \frac{1}{2} \left( R^2 - r^2 - a^2 \ln \frac{R^2 + a^2}{r^2 + a^2} \right) \quad . \; . \; . \quad 5)$$

womit die Zugkraft eines gegebenen Schraubenflügels als Funktion ihrer Winkelgeschwindigkeit gewonnen ist.

Setzen wir in Gleichung 5 für die Winkelgeschwindigkeit $w = \frac{\pi n}{30}$, wobei $n$ die Tourenzahl der Schraube per Minute darstellt, so erhalten wir:

$$S_0 = a \beta \frac{\gamma}{g} \cdot \frac{\pi^2 n^2}{1800} \left( R^2 - r^2 - a^2 \ln \frac{R^2 + a^2}{r^2 + a^2} \right) \quad . \quad . \quad 6)$$

und in dieser Form ist die Gleichung in der Praxis ohne weiteres verwertbar.

Sie enthält sämtliche Dimensionen des Schraubenflügels, so daß bei gegebener Schubkraft jede dieser Dimensionen berechnet werden kann, nachdem man vorher die übrigen Dimensionen auf Grund der Erfahrung zweckmäßig gewählt hat.

Es darf nicht vergessen werden, daß die Gleichungen 5 und 6 nur die Schubkraft e i n e s Flügels angeben. Bezeichnen wir die Flügelzahl der Schraube mit $z$, so ist Gleichung 5 bezw. 6 mit $z$ zu multiplizieren, wenn die Gleichung die gesamte Schubkraft der Schraube repräsentieren soll.

Für eine gegebene Schraube lassen sich in Gleichung 6 sämtliche Dimensionen mit den konstanten Faktoren dieser Gleichung zu einer gemeinsamen Konstanten $C$ zusammenfassen, so daß wir erhalten:

$$S_0 = Cn^2 \quad . \quad . \quad . \quad . \quad . \quad . \quad . \quad . \quad . \quad . \quad 7)$$

in welcher Form sich die Schubkraftskurve sofort als Parabel zu erkennen gibt.

Hiermit bestätigt die Gleichung die bekannte Tatsache, daß die Zugkraft einer Schraube mit dem Quadrate der Tourenzahl wächst.

## 2. Berechnung des Drehmomentes und der einzuleitenden Arbeit.

Die Komponente $dP$ des Normaldruckes in Richtung der Bewegung des Flächenelementes ergibt sich aus Fig. 2 zu:

$$dP = dQ \sin \alpha$$

und nach Einsetzen der uns von früher bekannten Funktion von $x$ für $dQ$ erhalten wir:

$$dP = \frac{\gamma}{g} \beta \, dx \, w^2 x^2 \sin^2 \alpha \quad . \quad . \quad . \quad . \quad . \quad 8)$$

Es ist nun

$$\sin \alpha = \frac{tg \, \alpha}{\sqrt{1 + tg^2 \alpha}}$$

und unter Berücksichtigung der Gleichung 1 ergibt sich:

$$sin^2 \alpha = \frac{\left(\frac{s}{2\,x\,\pi}\right)^2}{1 + \left(\frac{s}{2\,x\,\pi}\right)^2}$$

Führen wir diesen Wert in Gleichung 8 ein, so geht diese nach einer kleinen Umformung, und wenn wir wie früher

$$\frac{s}{2\,\pi} = a$$

setzen über in:

$$d\,P = a^2\,\beta\,\frac{\gamma}{g}\,x^2\,dx\,w^2\,\frac{1}{x^2 + a^2} \quad . \; . \; . \; . \quad 9)$$

Multiplizieren wir die Gleichung auf beiden Seiten mit $x$, so erhalten wir das zur Erzeugung der Schubkraft erforderliche Drehmoment:

$$d\,M = d\,P\,.\,x = a^2\,\beta\,\frac{\gamma}{g}\,w^2\,\frac{x^3}{x^2 + a^2}\,d\,x \quad . \; . \quad 10)$$

Durch Integration dieser Differentialgleichung zwischen den Grenzen $x = R$ und $x = r$ ergibt sich das gesamte zur Erzeugung der Schubkraft $S_0$ erforderliche Drehmoment des Flügels zu:

$$M = a^2\,\beta\,\frac{\gamma}{g}\,w^2 \int_r^R \frac{x^3}{x^2 + a^2}\,d\,x$$

Das Integral ist uns bereits aus der Differentialgleichung für die Schubkraft bekannt, so daß wir schließlich für das gesuchte Drehmoment des Flügels erhalten:

$$M = a^2\,\beta\,\frac{\gamma}{g}\,w^2\,\frac{1}{2}\left(R^2 - r^2 - a^2\,ln\,\frac{R^2 + a^2}{r^2 + a^2}\right) \quad . \quad 11)$$

Durch Mutiplikation mit der Flügelzahl $z$ liefert Gl. 11 das Drehmoment der ganzen Schraube.

Dividieren wir Gleichung 11 durch die Gleichung 5, für die Schubkraft, so wird:

$$\frac{M}{S_0} = a$$

oder da wir

$$\frac{s}{2\,\pi} = a$$

gesetzt hatten:

$$\frac{M}{S_0} = \frac{s}{2\,\pi}$$

und daher

$$M = S_0\,\frac{s}{2\,\pi} \quad . \; . \; . \; . \; . \; . \; . \; . \; . \quad 12)$$

Die dem Schraubenflügel bei der Tourenzahl $n$ zuzuführende Arbeit wird:

$$N_i = \frac{M\, 2\, \pi\, n}{60 \,.\, 75}$$

und nach Einsetzen des Wertes für $M$ aus Gleichung 12 erhalten wir schließlich, die zur Erzeugung der Schubkraft $S_0$ eines gegebenen Schraubenflügels erforderliche Arbeit zu:

$$N_i = \frac{S_0}{75} \cdot \frac{sn}{60} \quad \ldots\ldots\ldots \quad 13)$$

oder nach Verbindung mit Gleichung 7 zu:

$$N_i = C' n^3 \quad \ldots\ldots\ldots\ldots \quad 14)$$

wobei $C'$ wieder eine aus den Dimensionen des Flügels und den konstanten Größen der Gleichung 7 und 14 zusammengesetzte Konstante bedeutet.

Besitzt die Schraube $z$ Flügel, so sind die Gleichung 13 bezw. 14 wiederum mit $z$ zu multiplizieren, wenn der gesamte Arbeitsbedarf der Schraube ermittelt werden soll.

Gleichung 14 zeigt die Form der Kubischen Parabel und bestätigt dadurch die ebenfalls bekannte Tatsache, daß die einer Schraube zuzuführende Arbeit mit der dritten Potenz der Tourenzahl steigt.

Für ein beliebiges Flächenelement des Flügels erhalten wir für den Quotienten:

$$\frac{d\, M}{d\, S_0} = \frac{d\, P \,.\, x}{d\, S_0}$$

und wenn wir für $dP$ und $dS_0$ die Funktionen aus Gleichung 8 und 3 einsetzen

$$\frac{d\, M}{d\, S_0} = x \; tg\; \alpha$$

und nach Ersatz von $tg\; \alpha$ durch die in Gleichung 1 gegebene Beziehung wird:

$$\frac{d\, M}{d\, S_0} = \frac{s}{2\, \pi} = a = Constant \quad \ldots \quad 15)$$

Das Verhältnis zwischen Schubkraft und Drehmoment ist also unabhängig vom Radius $x$, also für jedes Flächenelement das gleiche. Es liegt deshalb gar kein Grund vor, die inneren Flächenelemente eines Flügels zu vernachlässigen oder ganz wegzulassen, wie dies in der Praxis häufig für zweckmäßig gehalten wird.

## 3. Effekt der Schraube.

Ein Maß für die Güte oder den Effekt einer Schraube liefert der Quotient $\frac{S_0}{N_i}$ also die Zugkraft einer gegebenen Schraube pro PS.

Dieser Quotient ergibt sich zu Gleichung 13 zu:

$$\frac{S_0}{N_i} = \frac{60 \,.\, 75}{s \,.\, n} \quad \ldots\ldots\ldots \quad 16)$$

und er wird um so größer, also der Effekt der Schraube um so besser werden, je kleiner das Produkt aus Tourenzahl und Steigung wird.

Soll jedoch die Schraube eine bestimmte Schubkraft $S_0$ erzeugen, so erkennt man bei näherer Betrachtung der Gleichung 6, daß der Durchmesser der Schraube um so größer wird, je kleiner man das Produkt aus Tourenzahl und Steigung wählt. Dabei möchte ich daran erinnern, daß die Steigung $s$ der Schraube in Gleichung 6 durch den Faktor $a$ repräsentiert wird.

Es hindert also tatsächlich nichts den Effekt einer Schraube beliebig zu steigern, wenn man sie nur recht langsam laufen läßt, sehr kleine Steigungen wählt, und ihr den zur Erzeugung einer gewünschten Schubkraft $S_0$ erforderlichen Durchmesser gibt.

Die von der Praxis an die Zugkraft der Luftschrauben gestellten Anforderungen sind jedoch so, daß bei einigermaßen günstig gewählten Effekten, also bei entsprechend niedriger Wahl des Produktes aus Tourenzahl und Steigung, die zur Erzeugung der gewünschten Schubkraft notwendigen Schraubendurchmesser derartig anwachsen, daß nicht nur die Möglichkeit der konstruktiven Ausführung, sondern in erster Linie die zur Verfügung stehenden Raumverhältnisse frühzeitig Halt gebieten.

Bezeichnen wir den Effekt einer Schraube, also den Quotienten $S_0/N_i$ mit $\varepsilon$, so wird aus Gleichung 16, wenn wir in derselben, für eine gegebene Schraube, den Wert

$$\frac{60 \cdot 75}{s}$$

gleich einer Konstanten $C$ setzen:

$$\varepsilon \cdot n = C \quad \ldots\ldots\ldots\ldots \quad 17)$$

womit uns die Beziehung zwischen dem Effekt einer Schraube und ihrer Tourenzahl bekannt ist.

Wir ersehen aus Gleichung 17, daß der Effekt mit wachsender Tourenzahl nach dem Gesetz einer gleichseitigen Hyperbel sinkt.

Ermitteln wir schließlich noch den Effekt für ein beliebiges Flächenelement, des Flügels, so erhalten wir:

$$\varepsilon = \frac{d\,S_0}{d\,N_i} = \frac{d\,S_0 \cdot 75}{d\,P \cdot n} = \frac{d\,S_0 \cdot 75}{\frac{d\,P\,2\,x\,\pi\,n}{60}}$$

Nach Fig. 2 ist

$$\frac{d\,P}{d\,S_0} = tg\,\alpha$$

oder nach Gleichung 1

$$\frac{d\,P}{d\,S^0} = \frac{s}{2\,x\,\pi}$$

und dieser Wert eingesetzt in die Gleichung für den Effekt liefert:

$$\varepsilon = \frac{60\,.\,75}{s\,n}$$

also dieselbe Beziehung, wie wir sie in Gleichung 16 für den ganzen Flügel fanden. Es gilt somit für das einzelne Flächenelement dasselbe, was in diesem Kapitel über die Gleichung 16 für den ganzen Flügel gesagt wurde. Wir sehen ferner, daß der Effekt eines beliebigen Flächenelementes unabhängig vom Radius, also für alle Flächenelemente der gleiche ist.

Es sei daher noch einmal auf die Schlußbemerkung des vorausgegangenen Kapitels hingewiesen, daß kein Grund vorliegt, die inneren Flächenelemente des Flügels wegzulassen und nur mit den äußeren Teilen zu arbeiten.

## 4. Berechnung der Umfangskraft und der Lage ihres Angriffspunktes.

Die Umfangskraft eines Schraubenflügels erhalten wir durch Integration der Gleichung 9 zwischen den Grenzen $x = r$ und $x = R$ zu

$$P = a^2\,\beta\,\frac{\gamma}{g}\,w^2 \int_r^R \frac{x^2\,d\,x}{x^2 + a^2}$$

und nach Lösung des Integrals ergibt sich dafür:

$$P = a^2\,\beta\,\frac{\gamma}{g}\,w^2 \left[x - a\,.\,arc\,tg\left(\frac{x}{a}\right)\right]_{x\,=\,r}^{x\,=\,R}$$

und nach Auswertung des bestimmten Integrals wird schließlich:

$$P = a^2\,\beta\,\frac{\gamma}{g}\,w^2 \left[R - r - a\left(arc\,tg\,\frac{R}{a} - arc\,tg\,\frac{r}{a}\right)\right] \quad . \quad 18)$$

womit die Resultierende der Umfangskräfte aller Flächenelemente eines Flügels der Größe nach bekannt ist.

Für mehrere Flügel ist Gleichung 18 wieder mit der Flügelzahl $z$ der Schraube zu multiplizieren.

Die Lage des Angriffspunktes der Umfangskraft am Flügel, also deren Hebelarm ermittelt sich aus der Beziehung:

$$\rho = \frac{M}{P} \quad . \; . \; . \; . \; . \; . \; . \; . \; . \; . \quad 19)$$

### 5. Einfluß der Flügelform.

Die bis jetzt abgeleiteten Gleichungen gelten nur für Flügel mit konstanter Flügelbreite $\beta$.

Besitzt ein Schraubenflügel jedoch irgendeine beliebige Form, so kann man dessen Zugkraft $S_0$ dadurch ermitteln, daß man den Radius des Flügels in eine Anzahl gleicher Teile teilt und dadurch den Flügel wieder in einzelne Flächenelemente zerlegt. Für jedes dieser Elemente ermittelt man nach Gleichung 3 den Beitrag, den dasselbe zur Schubkraft $S_0$ des ganzen Flügels liefert, die sich dann schließlich durch Addition dieser Beiträge ergibt.

Das Ergebnis wird von genügender Genauigkeit, wenn man für die in der Praxis vorkommenden Schraubengrößen die Teile 15 : 30 cm groß wählt. Bei Flügeln mit mehr als 2,5 m Radius kann man die Teile noch größer wählen.

Setzen wir diese, auf die eben angegebene Weise ermittelte Zugkraft $S_0$ in die Gleichung 6 ein, so läßt sich für den Flügel von beliebiger Form eine konstante Breite $\beta$ herausrechnen, bei der er offenbar dieselbe Zugkraft liefern muß, wenn man ihn mit der gleichen Tourenzahl laufen läßt wie vorher. Die auf diese Art errechnete konstante Flügelbreite wollen wir als die mittlere Flügelbreite $\beta_m$ bezeichnen.

Aus den Gleichungen 12 und 13 geht hervor, daß Flügel von gleicher Schubkraft bei der gleichen Tourenzahl auch das gleiche Drehmoment und die gleiche Arbeit zur Erzeugung dieser Schubkraft aufnehmen. Die Form des Flügels ist somit prinzipiell gleichgültig.

In Fig. 3 sind die Ergebnisse der Berechnung der Schubkraft eines Flügels mit nach außen zunehmender Breite graphisch aufgetragen.

Die mit dem Radius veränderliche Flügelbreite ist auf der negativen Seite der $x$-Achse aufgetragen. Die kleinste Flügelbreite innen ist mit $\beta_i$, die größte außen mit $\beta_a$ bezeichnet.

Der ganze Flügel ist in 7 Teile geteilt, die mit Ausnahme des äußersten Teils alle gleich groß gewählt sind. Bezeichnen wir die Länge eines solchen Teiles mit $\triangle x$, so ermittelt sich die Schubkraft $\triangle S_0$ des zugehörigen Flächenelementes nach Gleichung 3 zu:

$$\triangle S_0 = \frac{\gamma}{g} \triangle x \, \beta_x \, x^2 \, w^2 \sin^2 \alpha \cos \alpha \quad . \quad 20)$$

wobei $\beta_x$ die mittlere Breite des Flächenelementes darstellen soll. Der Winkel $\alpha$ an der betrachteten Stelle ergibt sich aus Gleichung 1.

In der Mitte eines jeden Teiles wurde nun nach oben als Ordinate angetragen der Wert:

$$\frac{\Delta S_0}{\Delta x}$$

und die Endpunkte der Ordinaten durch die Kurve *a b b* verbunden.

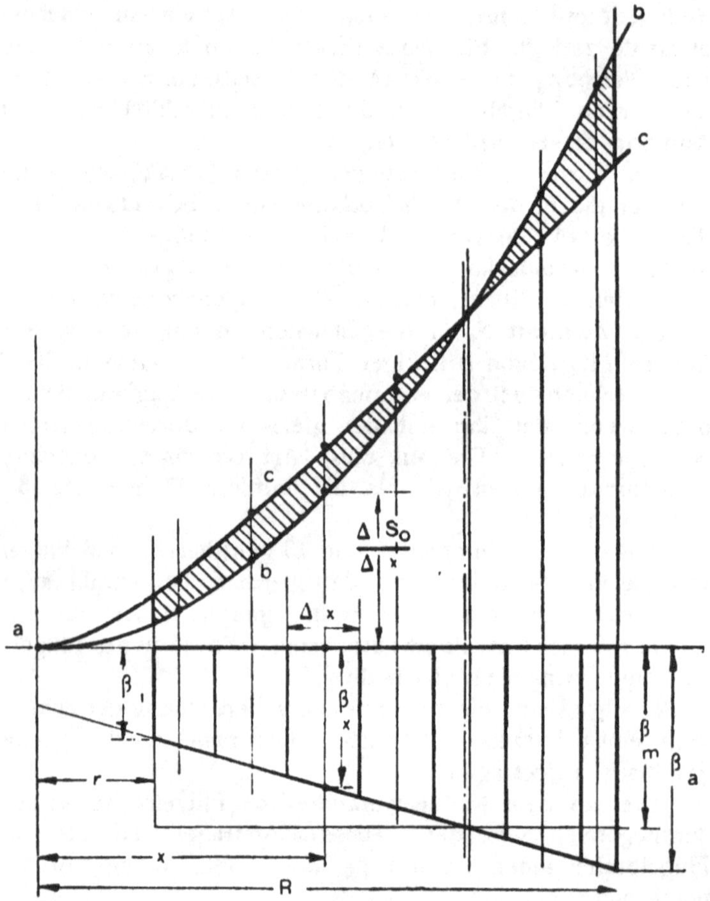


Fig. 3.

Die von der $x$-Achse, den Ordinaten für $x = r$ und $x = R$ und der Kurve *a b b* ausgeschnittene Fläche repräsentiert nun offenbar die gesamte Zugkraft des Flügels $S_0$, die in der Praxis natürlich einfacher durch Addition der Gleichungen 20 für die einzelnen Flächenteile gefunden wird.

Durch Einsetzen des Wertes von $S_0$ in Gleichung 6 berechnet sich nun die mittlere Flügelbreite $\beta_m$, die in Fig. 3 eingetragen ist.

Tragen wir nun in gleicher Weise wie vorher, nun auch für den Ersatzflügel mit der konstanten Flügelbreite $\beta_m$ die Werte

$$\frac{\triangle S_0}{\triangle x}$$

als Ordinaten auf, so entsteht die Kurve *a c c*, die nun wieder mit der $x$-Achse und mit den Ordinaten für $x = r$ und $x = R$ eine Fläche begrenzt, die gleichfalls die Schubkraft $S_0$ darstellt und daher der von der Kurve *a b b* abgeschnittenen Fläche gleich sein muß. Es müssen daher auch die in Fig. 3 schraffierten Flächenteile einander gleich sein.

Ferner muß die in Fig. 3 punktiert gezeichnete Ordinate des Schnittpunktes der beiden Kurven aus der in Fig. 3 stark ausgezogenen Form des Flügels gerade die mittlere Breite $\beta_m$ herausschneiden, denn an dieser Stelle müssen die zugehörigen Flächenelemente beider Flügel offenbar die gleiche Breite besitzen.

In Fig. 3 trifft diese Zeichenprobe bezw. Rechnungsprobe auch genau zu.

Sieht man sich die beiden Flügelformen, die trapezförmige, stark ausgezogene, und die schwächer gezogene rechteckige mit der Breite $\beta_m$ etwas genauer an, so fällt sofort ein praktischer Vorteil der ersteren ins Auge. Der Flügel mit nach außen zunehmender Breite wird offenbar leichter an Gewicht, denn seine Fläche wird geringer. Umgekehrt wird ein Flügel, der nach außen zu schmäler wird, an Gewicht größer werden, als ein solcher mit konstanter Breite, der die gleiche Zugkraft gibt.

Andererseits jedoch besitzt der nach außen breiter werdende Flügel auch die geringste Festigkeit, da der gefährliche Querschnitt an der Flügelwurzel ein Minimum wird gegenüber den beiden anderen erwähnten Flügelformen.

## 6. Lage des Angriffspunktes der Zugkraft.

Bestimmen wir uns in Fig. 3 diejenige Ordinate, welche für das von der $x$-Achse, den Ordinaten für $x = r$ und $x = R$ und der Kurve *a b b* eingeschlossene Flächenstück, eine Schwerlinie darstellt, so liefert uns die zu dieser Ordinate gehörige Abzisse, offenbar die Lage des Angriffspunktes der Zugkraft $S_0$ im trapezförmigen Flügel.

Am schnellsten erhält man diese Schwerlinie durch Ausschneiden des Flächenstücks aus Kartonpapier und Ausbalancieren auf einem Lineal.

Bestimmt man auf dieselbe Art den Angriffspunkt der Zugkraft für den Flügel mit der konstanten Flügelbreite $\beta_m$,

2*

so liegt derselbe der Schraubenachse etwas näher, als der Angriffspunkt des nach außen breiter werdenden Flügels, wie ohne weiteres aus dem Verlauf der Kurven zu erkennen ist. Das Biegungsmoment, das die Zugkraft $S_0$ auf die Flügelwurzel ausübt, wird also um so größer, je mehr sich der Flügel nach außen verbreitert.

Der am Schluß des vorigen Kapitels erwähnte Nachteil der geringeren Festigkeit, solcher nach außen breiter werdenden Flügel, gewinnt also nur noch an Bedeutung, da die Flügelwurzel das gleiche Drehmoment, aber ein größeres Biegungsmoment, hervorgerufen durch die Schubkraft $S_0$ auszuhalten hat, als die widerstandsfähigeren anderen Flügelformen.

Der Vorteil des geringeren Gewichts, der nach außen breiter und damit auch massiger werdenden Schrauben, in Rücksicht auf die Zentrifugalkraft des Flügels wird durch den weiter nach außen rückenden Flügelschwerpunkt weitaus wieder aufgehoben, gegenüber den Zentrifugalkräften der nach innen zu breiter werdenden Schraubenflügel, trotz ihres größeren Gewichts bei gleicher Zugkraft.

Theoretisch ist die Form des Flügels, wie in Kapitel 5 bewiesen wurde, völlig gleichgültig, praktisch dagegen hat man alle Veranlassung dazu, die Flügelbreite nach innen zu vergrößern oder mindestens konstant zu halten, und zwar:

1. aus den eben entwickelten Festigkeitsrückichten, die in keiner Beziehung für eine Verbreiterung des Flügels nach außen sprechen, und
2. in Rücksicht auf den Effekt der Schraube.

Wie in Kapitel 3 erwähnt, fordern Schrauben mit guten Effekten, bei den in der Praxis verlangten Zugkräften, schon so große Durchmesser, daß die Möglichkeit der Ausführung in Frage gestellt wird. Man hat daher allen Grund, nach innen zu, jedes verfügbare Teilchen auszunutzen, zumal die innen liegenden Schraubenelemente ihre Schuldigkeit genau so tun, wie die am Umfang laufenden, was am Ende der Kapitel 2 und 3 bewiesen ist.

Die in der Praxis häufig zu vernehmende Behauptung, daß die inneren Schraubenteile am besten weggelassen werden, entbehrt daher jeder Berechtigung.

## 7. Einfluß der Flügelzahl.

Denken wir uns mehrere Schrauben von den gleichen Dimensionen, jedoch von verschiedener Flügelzahl $z$, die alle dieselbe Zugkraft besitzen sollen, so erhalten wir aus

Gleichung 6, wenn wir dieselbe mit der Flügelzahl multiplizieren, für die gesamte Zugkraft $S_0$ einer Schraube die Beziehung:

$$S_0 = C z n^2 \quad . \quad . \quad . \quad . \quad . \quad . \quad . \quad . \quad . \quad 21)$$

Die Schraube mit der größten Flügelzahl wird also am langsamsten laufen, da das Produkt $z n^2$ nach Gleichung 21 immer das gleiche bleiben muß.

Nach Gleichung 12 erfordern alle diese Schrauben auch das gleiche Drehmoment.

Der Arbeitsbedarf dieser Schrauben ist jedoch ein verschiedener.

Aus Gleichung 21 erhalten wir:

$$n = \sqrt{\frac{S_0}{C \,.\, z}}$$

und wenn wir diesen Wert von $n$ einführen, in die Gleichung 13, so wird:

$$N_i = \frac{S_0}{75} \cdot \frac{s}{60} \sqrt{\frac{S_0}{C z}} = C' \frac{S_0}{\sqrt{z}} \quad . \quad . \quad . \quad . \quad 22)$$

Die konstanten Werte sind zu der Konstanten $C'$ zusammengefaßt.

Je größer also die Flügelzahl, desto kleiner wird die zum Betriebe der Schraube erforderliche Arbeit, desto größer wird also der Effekt der Schraube, der sich aus Gleichung 22 ohne weiteres ergibt, zu:

$$\frac{S_0}{N_i} = \varepsilon = \frac{\sqrt{z}}{C'} \quad . \quad . \quad . \quad . \quad . \quad . \quad . \quad . \quad . \quad . \quad 23)$$

Theoretisch wächst also der Effekt mit der Quadratwurzel aus der Flügelzahl.

Praktisch liegt diese Frage jedoch anders. Betrachten wir die Fig. 4 und 5, so wird von den beiden dort skizzierten Schrauben offenbar diejenige am ruhigsten und den Voraussetzungen am entsprechendsten arbeiten, bei welcher die Zeit, die die Flügelspitze braucht, um den Bogen $\frac{2 R \pi}{z}$ zu bestreichen, ein Maximum wird.

Je größer diese Zeit ist, um so mehr hat der Flügel die Aussicht, auf seiner Bahn möglichst wenig beunruhigte Luft vorzufinden.

Der Bogen $\frac{2 R \pi}{z}$ ist in den Fig. 4 und 5 durch die Buchstaben $a$ und $b$ gekennzeichnet.

Die zur Bestreichung des Bogens $a\,b$ erforderliche Zeit bestimmt sich zu:

$$t = \frac{60}{n z}$$

Setzen wir in diese Gleichung den Wert für die Tourenzahl aus Gleichung 21 ein, so gewinnen wir die fragliche Zeit als Funktion der Flügelzahl der Schraube zu:

$$t = \frac{C''}{\sqrt{z}} \quad \ldots\ldots\ldots \quad 24)$$

wobei $C''$ eine aus den Konstanten der Gleichung und aus der für alle Schrauben, der Voraussetzung gemäß konstanten

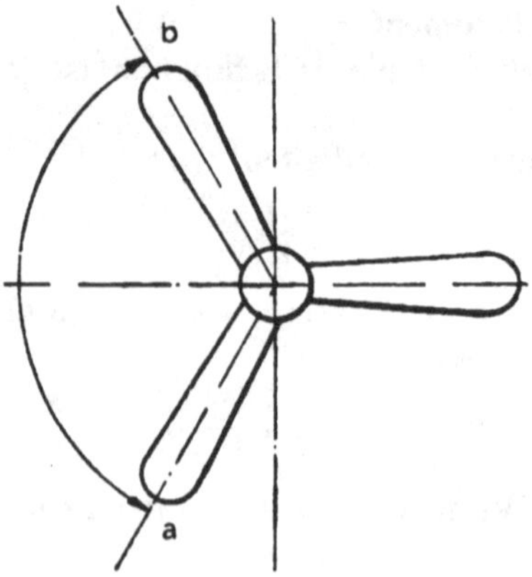


Fig. 4.

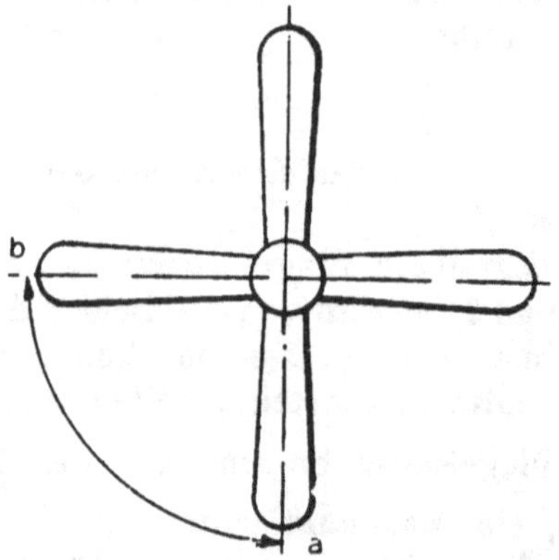


Fig. 5.

Schubkraft $S_0$, zusammengesetzten neuen Konstanten bedeutet.

Wir sehen also, daß die Zeit $t$ um so kleiner wird, je mehr die Schraubc Flügel besitzt, trotzdem die mehrflügelige Schraube eine kleinere Tourenzahl aufweist.

Praktisch ist es also zweckmäßig, die Flügelzahl möglichst klein zu wählen.

Man wird also geneigt sein, die Schraube mit der mindesten Flügelzahl $z = 2$ zu konstruieren.

Für Schrauben, die nicht mehr als etwa 30 PS. aufzunehmen haben, steht dem auch kein Hinderungsgrund entgegen. Bei stärkeren Schrauben jedoch wird man sich bald gezwungen sehen, die Flügelzahl zu erhöhen, da andernfalls die Durchmesser die Grenze der Ausführungsmöglichkeit schnell erreichen.

## 8. Vergleich der Rechnung mit der Wirklichkeit.

Wir wollen nun die Resultate praktisch ausgeführter Schraubenversuche mit den Ergebnissen unserer Rechnung vergleichen.

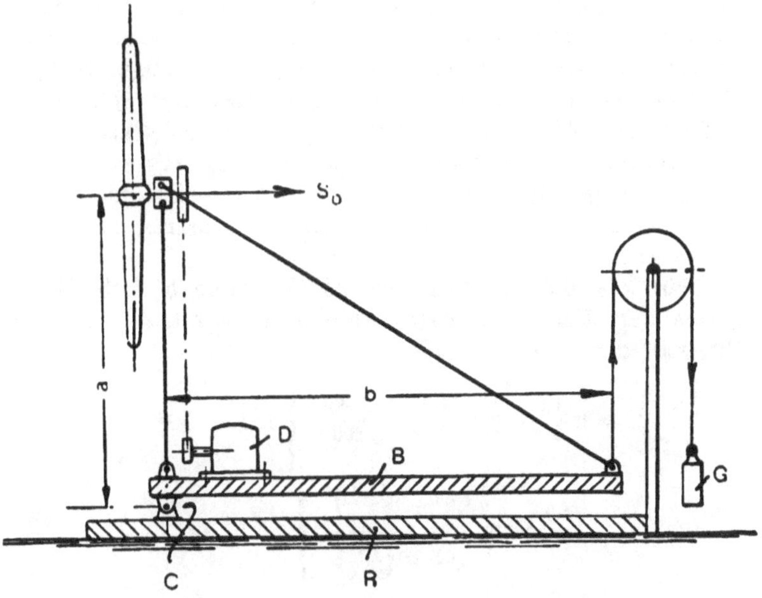


Fig. 6.

Die Versuchsanordnung ist in Fig. 6 skizziert. Auf dem festen Balkengestell *A* ruht bei *C* drehbar gelagert, der den Elektromotor *D* und die Schraube tragende Wagebalken *B*.

Nach voraufgegangener Ausbalancierung des Wagebalkengewichtes inklusive Schrauben- und Motorgewicht ergibt sich die Zugkraft der Schraube zu $S_0 = G \frac{b}{a}$, wenn das Gewicht *G* gerade dem Schraubenzuge das Gleichgewicht hält.

Die dem Versuche zugrunde liegenden Schraubendimensionen waren folgende:

$$R = 1{,}2 \text{ m}; \quad r = 0{,}3 \text{ m}; \quad s = 1{,}9 \text{ m}; \quad \lambda = 2.$$

Die Form der Flügel war diejenige, welche in Fig. 3 gezeichnet ist. Die mittlere Flügelbreite wurde nach der in Kapitel 5 angegebenen Methode bestimmt zu $\beta_m = 0{,}36$ m, und zwar wurde dabei die willkürlich gewählte Tourenzahl $n = 720$ zugrunde gelegt.

Berechnen wir nun nach Gleichung 6 durch Einsetzen der Schraubendimensionen die Zugkräfte bei verschiedenen Tourenzahlen, und zeichnen wir uns das Resultat graphisch auf, so daß wir auf der $x$-Achse die Tourenzahlen und auf der $y$-Achse die zugehörigen Zugkräfte auftragen, wobei nicht vergessen werden darf, diese Zugkräfte mit $z = 2$ zu multiplizieren, so erhalten wir nach Gleichung 7 das Bild einer Parabel.

Tragen wir jedoch auf der $x$-Achse die Quadrate der Tourenzahlen auf, so erhalten wir eine gerade Linie. Berechnen wir uns nun nach Gleichung 6 die Zugkraft $S_0$ etwa für eine Tourenzahl $n = 600$ und tragen die mit $z = 2$ multiplizierte Zugkraft in der eben angegebenen Weise auf, so brauchen wir den so erhaltenen Punkt nur mit dem Pol durch eine gerade Linie zu verbinden, um sofort für jede gewünschte Tourenzahl die Zugkraft der Schraube ablesen zu können.

Für $n = 600$ erhalten wir aus Gleichung 6 nach Einsetzen der Werte und nach Multiplikation mit $z = 2$ die Zugkraft der Schraube zu:

$$S_0 = 2\,\frac{1{,}9}{2\,\pi}\cdot 0{,}36\,\frac{1{,}24}{9{,}81}\,\frac{\pi^2\,.\,600^2}{1800}\left[1{,}2^2 - 0{,}3^2 - \left(\frac{1{,}9}{2\,\pi}\right)^2 ln\,\frac{1{,}2^2 + \left(\frac{1{,}9}{2\,\pi}\right)^2}{0{,}3^2 + \left(\frac{1{,}9}{2\,\pi}\right)^2}\right] = 62 \text{ kg.}$$

wobei das Gewicht von 1 cbm Luft = 1,24 gesetzt ist, entsprechend der Temperatur und dem Luftdruck, die zu der Jahreszeit, in der die Versuche ausgeführt wurden, zu erwarten war.

In Fig. 7 ist nun für die Abzisse $n^2 = 600^2$ die Ordinate $S_0 = 62$ kg aufgetragen, und der so erhaltene Punkt mit dem Pol durch die in Fig. 7 stark ausgezogene Gerade verbunden.

Ermitteln wir nun nach Gleichung 13 die Arbeit, die der Schraube bei $n = 600$ zuzuführen ist, so wird:

$$N_i = z\,\frac{S_0}{75}\cdot\frac{s\,n}{60}$$

und nach Einsetzen der Zahlenwerte erhalten wir dafür:

$$N_i = \frac{62}{75} \cdot \frac{1.9 \cdot 600}{60} = 15,7 \; PS.$$

Nach Gleichung 14 wächst die Arbeitsaufnahme einer Schraube mit der dritten Potenz der Tourenzahl. Tragen wir nun auf der $x$-Achse diesmal $n^3 = 600^3$ auf und dort als Ordinate $N_i = 15,7$ und verbinden wir den so erhaltenen Punkt wieder mit dem Pol durch eine gerade Linie, so können wir wieder für jede beliebige Tourenzahl die Arbeitsaufnahme der Schraube abmessen. Dies ist in Fig. 8 geschehen, und die stark ausgezogene Linie entspricht dem Verlauf der der Schraube zuzuführenden Arbeit mit der dritten Potenz der Tourenzahlen.

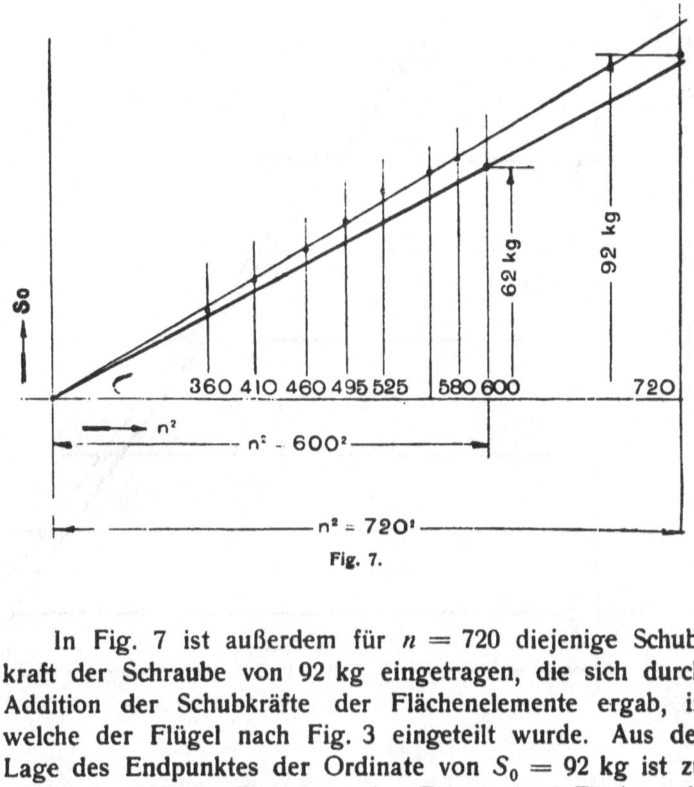


Fig. 7.

In Fig. 7 ist außerdem für $n = 720$ diejenige Schubkraft der Schraube von 92 kg eingetragen, die sich durch Addition der Schubkräfte der Flächenelemente ergab, in welche der Flügel nach Fig. 3 eingeteilt wurde. Aus der Lage des Endpunktes der Ordinate von $S_0 = 92$ kg ist zu erkennen, daß die Einteilung des Flügels in 7 Flächenteile vollkommen genügend war, womit auch die Richtigkeit des Wertes für die mittlere Flügelbreite $\beta_m = 0,36$ m gewährleistet ist.

Die über den stark gezogenen Linien liegenden, schwächer ausgezogenen Geraden, repräsentieren die durch die Versuchspunkte gezeigte Lage der Schubkrafts- bezw. der Arbeitsgeraden. Die durch die Versuche ermittelten Punkte sind durch kleine Kreise markiert. Aus der Lage der Punkte ist zu erkennen, mit welcher Genauigkeit Zug-

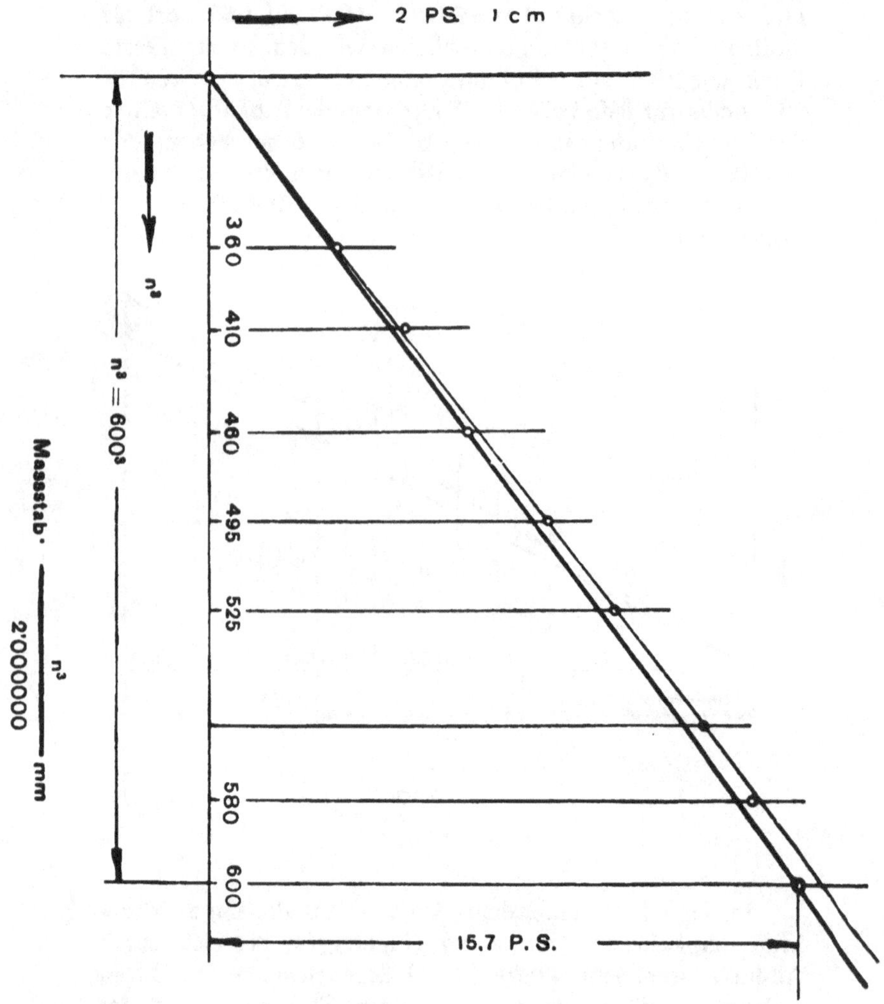


Fig. 8.

kraft und Arbeitsaufnahme einer Schraube proportional den Quadraten bezw. den dritten Potenzen der Tourenzahlen steigen, wie dies von den Gleichungen 7 und 14 gefordert wird. Nachfolgend die Versuchstabelle:

| Volt | Amp. | $S_0$ kg. | PS. | n |
|---|---|---|---|---|
| 168 | 18 | 24,2 | 3,51 | 360 |
| 192 | 24 | 32,2 | 5,32 | 410 |
| 212 | 28 | 40,5 | 6,91 | 460 |
| 218 | 36 | 48,3 | 9,1 | 495 |
| 208 | 45 | 56,5 | 10,85 | 525 |
| 202 | 62 | 64,5 | 14,48 | 580 |

Versuchszeit: Juni 1907.

Die einzuleitende Arbeit wurde ermittelt nach der Gleichung:

$$N_i = \frac{Volt \times Amp.}{736} \cdot 0{,}85\ PS.$$

Der Wirkungsgrad des Motors von 0,85 wurde geschätzt und dürfte für die kleine Maschine wohl zu reichlich angenommen sein.

Bei einer Verminderung des Wirkungsgrades auf 0,83, die sehr wahrscheinlich der Wirklichkeit näher führen dürfte, wird die Uebereinstimmung unserer Rechnung mit der Praxis eine vollkommene.

Der Umstand, daß die berechnete und die gemessene Zugkraftslinie in Fig. 7 nicht so gut zusammenfallen, wie die Arbeitslinien in Fig. 8, ist leicht zugunsten unserer Rechnung zu erklären. Ein Blick auf Fig. 2 läßt erkennen, daß das Verhältnis zwischen Umfangskraft und Schubkraft und damit auch das Verhältnis zwischen Arbeitsleistung und Schubkraft durch das Parallelogramm der Kräfte auf alle Fälle feststeht.

Nun ist die Arbeitsaufnahme bei den Versuchen elektrisch, also sehr genau gemessen, die Messung der Zugkraft dürfte dagegen nicht ganz einwandfrei gewesen sein, da der Apparat in Fig. 7 sehr einfach und roh gebaut war, das Gelenk bei *C* und die Rollenlagerung waren ziemlich primitiv konstruiert, so daß Fehler in der Messung der Zugkraft eine große Wahrscheinlichkeit für sich haben. Wenn also die einwandfrei gemessene Arbeitsleistung der Schraube mit der Rechnung genau übereinstimmt, was für 0,83 Wirkungsgrad des Elektromotors zutrifft, so muß auf Grund des Parallelogramms der Kräfte auch notwendigerweise die berechnete Zugkraft der tatsächlich auftretenden entsprechen.

Die Richtigkeit des in Gleichung 2 formulierten v. Loeßlschen Luftwiderstandsgesetzes, das die Voraussetzung für die vorausgehenden und folgenden Rechnungen bildet, dürfte durch die vorstehenden Versuchsergebnisse von neuem bewiesen sein.

Die Versuchsgeschwindigkeiten, die v. Loeßl und Lilienthal für ihre ebenen Flächen zur Anwendung brachten, gingen nicht über 10 m per Sekunde hinaus, während die äußersten Elemente unserer Versuchsschraube fast 80 m per Sekunde erreichten, womit die Anwendbarkeit des Loeßlschen Gesetzes auch für große Geschwindigkeiten als zulässig erwiesen ist.

Zum Schlusse dieses Abschnittes möchte ich bemerken, daß die Reibung und die Beunruhigung der Luft, die in den vorstehenden und nachfolgenden Berechnungen völlig unberücksichtigt sind, auf Grund unserer Vergleichsergebnisse tatsächlich wenig Beachtung verdienen, um so mehr als es sich bei unseren Vergleichsversuchen um eine sehr schnell laufende Schraube handelt.

Die zu den Versuchen verwendete Schraube war allerdings von vorzüglicher Ausführung, mit scharfen Ein- und Austrittskanten und sehr glatten Flächen.

---

## II. Schrauben im Marsch.

### 1. Berechnung der Zugkraft.

Wir wollen nun die Verhältnisse untersuchen für den Fall, daß die mit der Winkelgeschwindigkeit $w$ rotierende Schraube sich gleichzeitig in Richtung der Rotationsachse mit der Marschgeschwindigkeit $c$ vorwärts bewegt.

Zunächst soll die Zugkraft der Schraube als Funktion der Marschgeschwindigkeit $c$ zur Darstellung gelangen.

In Fig. 9 ist wieder ein Schnitt durch den Flügel gezeichnet, der im Abstande $x$ von der Mitte geführt sein möge.

Zunächst fällt auf, daß der Winkel $\alpha'$, unter dem nunmehr das Flächenelement der Schraube durch die umgebende Luft hindurchgezogen wird, um so kleiner wird, je mehr die Marschgeschwindigkeit zunimmt, und daß schließlich eine Marschgeschwindigkeit erreicht wird, bei welcher der Winkel $\alpha'$, den das betrachtete Flächenelement mit seiner Bewegungsrichtung einschließt, verschwindet.

Diese Geschwindigkeit, die ich die ideale Marschgeschwindigkeit nennen will, ist offenbar bei dem betrachteten Flächenelement dann erreicht, wenn $c = u \, tg \alpha$ wird.

Ersetzen wir $u$ und $tg \, \alpha$ durch Funktionen von $x$ so erhalten wir für $\alpha' = 0$ die Geschwindigkeit:

$$c = x \, w \frac{s}{2 \, x \, \pi} = \frac{s \, w}{2 \, \pi}$$

Die ideelle Marschgeschwindigkeit ist also unabhängig vom Radius $x$ und daher für jedes Flächenelement die gleiche.

Wir setzen

$$\frac{s \, w}{2 \, \pi} = c_i \quad \ldots \ldots \ldots \quad 25)$$

Ersetzen wir die Winkelgeschwindigkeit durch die Tourenzahl, so erhalten wir:

$$c_i = \frac{s \, n}{60} \quad \ldots \ldots \ldots \quad 26)$$

Für eine Marschgeschwindigkeit $c = c_i$ wird offenbar die Zugkraft der Schraube zu Null, da der Einfallswinkel $\alpha'$ für alle Flächenelemente verschwindet.

Für eine beliebige, zwischen $c = 0$ und $c = c_i$ liegende Marschgeschwindigkeit $c$ empfängt das im Abstand $x$ von der Achse gelegene Flächenelement einen Normaldruck, der sich wieder nach dem v. Loeßlschen Gesetz bestimmt, zu:

$$d\,Q = \frac{\gamma}{g}\,\beta\,d\,x\,v^2\,sin\,\alpha'$$

und die Projektion des Normaldruckes auf die Schraubenachse $d\,S$ in Fig. 9 liefert den Beitrag des Flächenelements zur Schubkraft $S$ des ganzen Flügels zu:

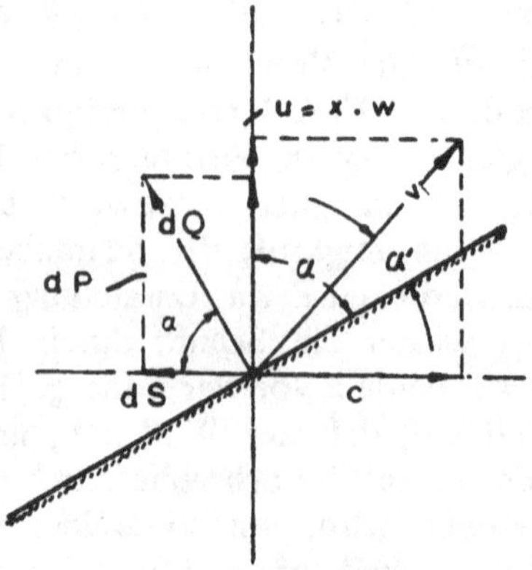


Fig. 9.

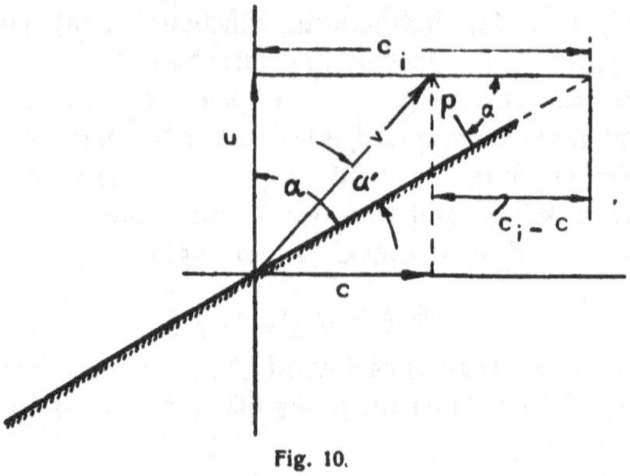


Fig. 10.

$$d\,S = \frac{\gamma}{g}\,\beta\,d\,x\,v^2\,sin\,\alpha'\,cos\,\alpha \quad . \; . \; . \; . \; . \quad 27)$$

Die absolute Geschwindigkeit $v$ des Flächenelements, sowie die Funktionen $sin\,\alpha'$ und $cos\,\alpha$ sind nun zunächst durch Funktionen von $x$ zu ersetzen.

Es ist

$$v^2 = c^2 + u^2 = c^2 + x^2\,w^2 \quad . \; . \; . \; . \quad 28)$$

ferner ist

$$\cos a = \frac{1}{\sqrt{1 + tg^2 a}}$$

und durch Verbindung mit Gleichung 1 erhalten wir dafür:

$$\cos a = \frac{2 x \pi}{\sqrt{s^2 + (2 x \pi)^2}}$$

Um *sin* $\alpha'$ als Funktion von $x$ zu gewinnen, verlängern wir in Fig. 9 die Richtungslinie von $c$ bis zum Schnitt mit der Flügelfläche, siehe Fig. 10.

Die so erhaltene Strecke stellt offenbar die eingangs dieses Kapitels besprochene ideelle Marschgeschwindigkeit dieser Schraube dar, die nach Gleichung 25 sich ergab zu:

$$c_i = \frac{s w}{2 \pi}$$

Ferner fällen wir in Fig. 10 vom Endpunkte von $v$ eine Senkrechte auf die Flügelfläche. Diese Senkrechte in Fig. 10 mit $p$ bezeichnet, ergibt sich dann zu: $p = (c_i - c) \cdot \cos a$ oder nach Einsetzung von Gleichung 25:

$$p = \left(\frac{s w}{2 \pi} - c\right) \cos a$$

Nun ist $\sin \alpha' = \frac{p}{v}$ und wenn wir den eben ermittelten Wert von $p$ in diese Gleichung einführen, so wird:

$$\sin \alpha' = \frac{\left(\frac{s w}{2 \pi} - c\right) \cos a}{v}$$

Setzen wir schließlich in diese Gleichung für $v$ den aus Gleichung 28 zu ermittelnden Wert ein, und für $\cos a$ die vorher gefundene Funktion von $x$, so erhalten wir in

$$\sin \alpha' = \frac{\left(\frac{s w}{2 \pi} - c\right) 2 x \pi}{\sqrt{c^2 + x^2 w^2} \cdot \sqrt{s^2 + (2 x \pi)^2}} \quad . \quad . \quad . \quad . \quad 29)$$

den Sinus des Einfallwinkels $\alpha'$ als Funktion des Abstandes des Flächenelementes von der Schraubenachse.

In Fig. 11 ist der Verlauf des Einfallwinkels $\alpha'$ für einen besonderen Fall graphisch aufgetragen, und man erkennt daraus, wenn man beachtet, daß die in der Nähe des Pols liegende Partie von der Schraubennabe ausgefüllt ist, daß diese Winkel sich wenig ändern, im Gegensatz zu den Steigungswinkeln der Schraubenfläche, deren Unterschied in diesem besonderen Fall der Fig. 11 zwischen $r = 0{,}3$ und $R = 1{,}75$ ca. $50^0$ beträgt.

Für die Differentialgleichung 27 erhalten wir nun, wenn wir das Produkt $v^2 \sin \alpha' \cos a$ durch eine Funktion von $x$ ersetzen:

$$d\,S = \frac{\gamma}{g}\,\beta\,d\,x\,w\left(\frac{s\,w}{2\,\pi} - c\right)\frac{x^2\sqrt{\left(\frac{c}{w}\right)^2 + x^2}}{x^2 + \frac{s^2}{4\,\pi^2}} \quad . \; . \quad 30)$$

Durch Integration erhalten wir die gesamte Schubkraft $S$ des Flügels als Funktion der Marschgeschwindigkeit $c$.

Setzen wir, wie früher, $\frac{s}{2\,\pi} = a$ und ferner $\frac{c}{w} = b$ so wird $S$ zwischen den Grenzen $x = r$ und $x = R$ zu:

$$S = \frac{\gamma}{g}\,\beta\,w^2\,(a - b)\int_r^R \frac{x^2\sqrt{b^2 + x^2}}{x^2 + a^2}\,d\,x$$

und nach Lösung des Integrals:

$$S = \frac{\gamma}{g}\,\beta\,w^2\,(a - b)\left[\frac{x}{2}\sqrt{b^2 + x^2} + \left(\frac{b^2}{2} - a^2\right) ln\,(x + \sqrt{b^2 + x^2}) + \frac{a}{2}\sqrt{a^2 - b^2}\; ln\,\frac{a\,\sqrt{b^2 + x^2} + x\,\sqrt{a^2 - b^2}}{a\,\sqrt{b^2 + x^2} - x\,\sqrt{a^2 - b^2}}\right]_{x = r}^{x = R}$$

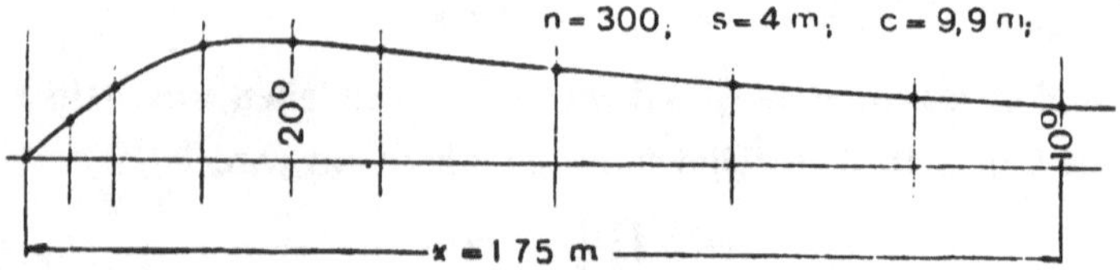


Fig. 11.

Zwischen den Grenzen $x = r$ und $x = R$ erhalten wir schließlich nach einigen Umformungen für die Schubkraft eines Schraubenflügels im Marsch die Funktion:

$$S = {}^1\!/_2\,\frac{\gamma}{g}\,\beta\,w^2\,(a - b)\Bigg[R\,\sqrt{b^2 + R^2} - r\,\sqrt{b^2 + r^2} + (b^2 - 2\,a^2)\;ln\,\frac{R + \sqrt{b^2 + R^2}}{r + \sqrt{b^2 + r^2}} + a\,\sqrt{a^2 - b^2}\;ln\,\frac{(a\,\sqrt{b^2 + R^2} + R\,\sqrt{a^2 - b^2})\,(a\,\sqrt{b^2 + r^2} - r\,\sqrt{a^2 - b^2})}{(a\,\sqrt{b^2 + R^2} - R\,\sqrt{a^2 - b^2})\,(a\,\sqrt{b^2 + r^2} + r\,\sqrt{a^2 - b^2})}\Bigg] \quad 31)$$

mit deren Hilfe wir in den Stand gesetzt sind, für eine mit der Winkelgeschwindigkeit $w$ rotierende Schraube, deren Zugkraft für jede beliebige Marschgeschwindigkeit anzugeben. Die Gleichung gibt nur die Zugkraft eines Flügels an, und ist das Resultat wieder mit der Flügelzahl $z$ zu multiplizieren, wenn man die Zugkraft der gesamten Schraube ermitteln will. Die veränderliche Marschgeschwindigkeit $c$ liegt in der Veränderlichen $b = \frac{c}{w}$ eingeschlossen.

Setzen wir in Gleichung 31 $c = 0$, also $b = 0$, so geht dieselbe über in die Gleichung 5, die für den am Ort arbeitenden Schraubenflügel abgeleitet war.

Der letzte Summand in der Klammer der Gleichung 31 geht für $b = 0$ über in den unbestimmten Wert $\frac{o}{o}$, der durch Differentierung von Zähler und Nenner bestimmt werden kann, so daß wir nach einigen Umformungen erhalten:

$$S_{(b=o)} = {}^1/_2\, a\, \beta\, \frac{\gamma}{g}\, w^2 \left[R^2 - r^2 - 2\,a^2\, ln\, \frac{R}{r} + 2\,a^2\, ln\, \frac{R}{r} - a^2\, ln\, \frac{a^2 + R^2}{a^2 + r^2}\right]$$

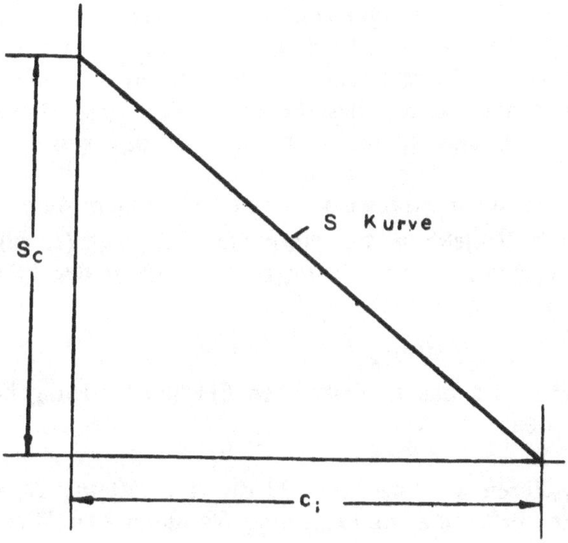


Fig. 12.

und diese Funktion entspricht genau dem Werte $S_0$ in Gleichung 5, womit eine Probe für die Richtigkeit der Rechnung gegeben ist.

Eine davon unabhängige zweite Rechnungsprobe ergibt die Differentierung des in der Klammer stehenden Ausdruckes, der unbestimmten Lösung des Integrals, die nach mühsamen Umformungen schließlich auf den Ausdruck

$$\frac{x^2 \sqrt{b^2 + x^2}}{x^2 + a^2}$$

zurückführt, dic mit dem Integral übereinstimmt.

Die nicht mehr wesentlich zu vereinfachende Form der Gleichung 31 ist nun für die praktische Anwendung recht unbequem.

Ich werde jedoch im Kapitel 6 dieses Abschnittes beweisen, daß die durch die Funktion 31 gegebene Zugkraftskurve, die ich kurz die $S$-Kurve nennen will, unter allen Umständen innerhalb des praktisch benutzten Gebietes, also zwischen $c = 0$ und $c = c_i$, einen Wendepunkt besitzt. Nur diesem glücklichen Umstande ist es zu danken, daß man auf die komplizierte Gleichung 31 in der Praxis vollständig verzichten kann, denn die $S$-Kurve läßt sich mit großer Genauigkeit durch eine gerade Linie ersetzen. Man braucht nur nach Gleichung 5 oder 6 die Zugkraft $S_0$ für die am Ort arbeitende Schraube zu ermitteln, ferner nach Gleichung 25 oder 26 die ideelle Marschgeschwindigkeit $c_i$ die gefundenen Werte nach Fig. 12 aufzutragen und die so erhaltenen Punkte durch eine Gerade zu verbinden, deren Abweichung von der tatsächlichen $S$-Kurve kaum wahrnehmbar wird, wenn man sich die Mühe macht, dieselbe nach Gleichung 31 zu berechnen, wie dies später auch noch gezeigt werden soll.

## 2. Drehmoment und einzuleitende Arbeit.

Durch Projektion des Normaldruckes $dQ$ (s. Fig. 9) auf die Richtung der Umfangsgeschwindigkeit des Flächenelementes $u$ ergibt sich:

$$d\,P = \frac{\gamma}{g}\,\beta\,d\,x\,v^2\,sin\,\alpha'\,sin\,\alpha \quad . \quad . \quad . \quad . \quad . \quad 32)$$

und somit wird das zu demselben Flächenelement gehörige Drehmoment

$$d\,M = d\,P\,.\,x \quad . \quad . \quad . \quad . \quad . \quad . \quad . \quad . \quad . \quad 33)$$

Dividieren wir Gleichung 33 durch Gleichung 27, nachdem wir vorher $dP$ in Gleichung 33 durch den Wert aus Gleichung 32 ersetzt haben, so wird $\frac{d\,M}{d\,S} = x\,tg\,\alpha$ und unter Beachtung der Gleichung 1 erhalten wir:

$$\frac{d\,M}{d\,S} = \frac{s}{2\,\pi} = a = Constant \quad . \quad . \quad 34)$$

also dieselbe Gleichung wie für die Hubschraube (Gl. 15). Durch Integration der Gleichung 34 wird

$$\int d\,M = \frac{s}{2\,\pi}\int d\,S \;oder\; M = \frac{s}{2\,\pi}\,.\,S \quad . \quad . \quad . \quad . \quad 35)$$

Schließlich wird die dem Flügel bei der Tourenzahl $n$ zuzuleitende Arbeit:

$$N_i = M\,\frac{2\,\pi\,n}{60\,.\,75}$$

und nach Einsetzen von $M$ aus Gleichung 35 erhält man:

$$N_i = \frac{S}{75}\cdot\frac{s\,n}{60} \quad . \quad . \quad . \quad . \quad . \quad . \quad . \quad . \quad 36)$$

Auch Gleichung 35 und 36 stimmen in der Form mit Gleichung 12 und 13 überein, welche für die Hubschraube abgeleitet waren.

Es ist stets zu beachten, daß die Gleichungen immer nur für einen Flügel Geltung besitzen und noch mit $z$ zu multiplizieren sind, wenn sie für die ganze Schraube angewendet werden.

### 3. Effekt der Schraube.

Der Effekt der Schraube oder die Zugkraft pro eingeleitete PS. ergibt sich aus Gleichung 36 zu:

$$\frac{S}{N_i} = \varepsilon = \frac{60 \cdot 75}{s\,n} \quad \ldots \ldots \ldots \quad 37)$$

also wiederum die gleiche Form, wie die der Gleichung 16, welche für die Hubschraube abgeleitet war. Es gilt also für die Schraube im Marsch alles das, was im Kapitel 3 des Abschnittes I über den Effekt der Hubschraube gesagt wurde.

Wir schließen aus Gleichung 37: Der Effekt einer Schraube ist unabhängig von der Marschgeschwindigkeit.

### 4. Effektive Arbeit und Nutzeffekt der Schraube.

Die effektive oder von der Schraube in Fahrt geleistete Arbeit ergibt sich zu:

$$N_e = \frac{S \cdot c}{75} \quad \ldots \ldots \ldots \quad 38)$$

Der Nutzeffekt $\eta$ ermittelt sich dann durch Division der Gleichung 38 und 36 zu:

$$\eta = \frac{60}{s\,n} \cdot c$$

oder unter Berücksichtigung der Gleichung 26 zu:

$$\eta = \frac{c}{c_i} \quad \ldots \ldots \ldots \quad 39)$$

womit der Nutzeffekt der Schraube als Funktion der Marschgeschwindigkeit bekannt ist. Der Nutzeffekt ist also direkt proportional der Marschgeschwindigkeit, wird also durch eine gerade Linie durch den Pol zur Anschauung gebracht.

Der ideelle Nutzeffekt $\eta = 1$ wird erreicht, wenn $c = c$ wird, wenn also die Schraube sich mit der ideellen Marschgeschwindigkeit $c_i = \frac{s\,n}{60}$ vorwärts bewegt. Aus diesem Grunde habe ich diese Marschgeschwindigkeit die ideelle genannt.

3*

Für $c = 0$, also für die am Ort arbeitende Hubschraube, wird der Nutzeffekt $\eta = 0$, denn die Schraube leistet in diesem Falle keine Arbeit mehr, da sie keinen Weg zurücklegt.

## 5. Graphische Darstellung.

Für die bei unseren Vergleichsversuchen am Schlusse des Abschnittes I verwendete Schraube ist nun in folgendem für eine Tourenzahl von $n = 600$ die $S$-Kurve durch Berechnung nach Gleichung 31 bestimmt, und die berechneten Werte sind in Fig. 13 aufgetragen. Man erkennt aus der

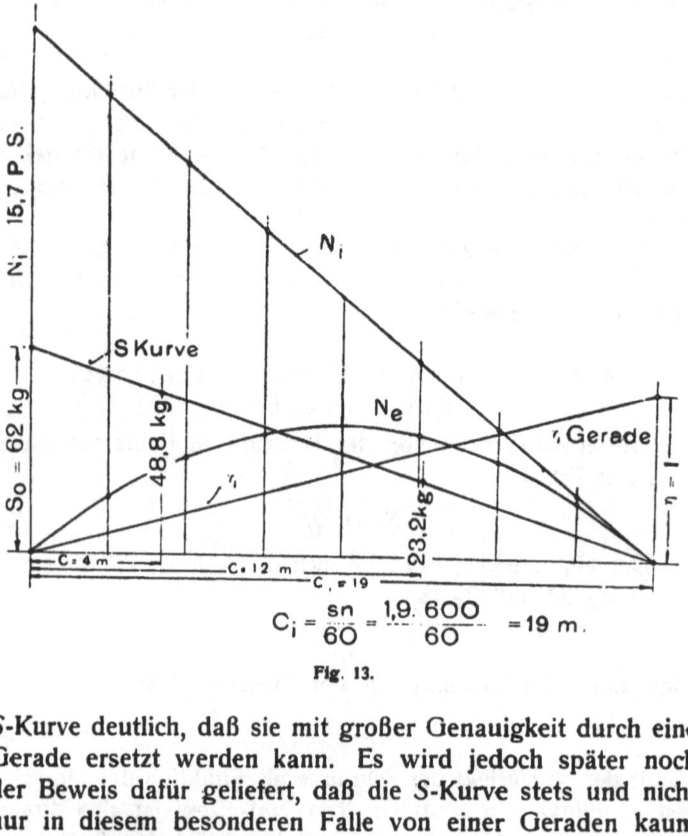


$$C_i = \frac{sn}{60} = \frac{1{,}9 \cdot 600}{60} = 19 \text{ m}.$$

Fig. 13.

$S$-Kurve deutlich, daß sie mit großer Genauigkeit durch eine Gerade ersetzt werden kann. Es wird jedoch später noch der Beweis dafür geliefert, daß die $S$-Kurve stets und nicht nur in diesem besonderen Falle von einer Geraden kaum zu unterscheiden ist.

Nach Ersatz der $S$-Kurve in Fig. 13 durch eine gerade Linie, ergibt sich sofort die eingeleitete Arbeit $N_i$, also die zum Betriebe erforderliche Motorenstärke, ebenfalls als gerade Linie, während die $N_e$-Kurve durch einen Parabelbogen repräsentiert wird, der symmetrisch zu der bei $c = \frac{ci}{2}$ gezogenen Ordinate liegt und dessen Parameter sich leicht zu

$$2\,p = \frac{c_i}{S_0}$$

bestimmt.

Schließlich ist noch die Nutzeffektsgerade in Fig. 13 eingetragen.

Hiermit sind sämtliche Verhältnisse für die Hubschraube und für die Schraube im Marsch geklärt und es bedarf nur noch des Beweises, daß die *S*-Kurve in allen Fällen durch eine Gerade ersetzt werden kann. Dieser Beweis sei im folgenden Kapitel versucht.

## 6. Diskussion der *S*-Kurve.

Eine unmittelbare Diskussion der *S*-Kurve wird durch die komplizierte mathematische Form ihrer Gleichung vereitelt, und ich behelfe mich daher damit, daß ich die Aenderung der Schubkraft, einer unter dem Winkel $\alpha$ zur Bewegungsrichtung geneigten Fläche, untersuche, wenn dieselbe senkrecht zu dieser Bewegungsrichtung mit der veränderlichen Geschwindigkeit $c$ vorwärts bewegt wird. Die Diskussion der durch solche Flächen unter verschiedenen Neigungswinkeln erzeugten Schubkraftskurven gestattet einen Schluß auf den Verlauf der *S*-Kurve des ganzen Schraubenflügels zu ziehen.

Nach Fig. 9 erhalten wir für die Schubkraft einer solchen Fläche nach dem v. Loeßlschen Gesetz:

$$S = \frac{\gamma}{g}\, f\, v^2 \sin \alpha' \cos \alpha \quad . \; . \; . \; . \; . \; . \quad 40)$$

wobei $f$ die Fläche in Quadratmetern bedeutet.

Da es nun jetzt nur auf den Charakter der Kurven und nicht auf die absolute Größe der Schubkräfte ankommt, setzen wir $\frac{\gamma}{g} f = 1$ und die zur Diskussion stehende Funktion schreibt sich dann in der Form:

$$S = v^2 \sin \alpha' \cos \alpha \quad . \; . \; . \; . \; . \; . \; . \quad 41)$$

Es ist nun nach Fig. 10

$$c_i = u \, tg\, \alpha$$

ferner

$$p = (c_i - c) \cos \alpha$$

also

$$\sin \alpha' = \frac{p}{v} = \frac{(u\, tg\, \alpha - c)}{v} \cos \alpha$$

ferner ist:

$$v = \sqrt{u^2 + c^2}$$

so daß Gleichung 41 übergeht in:

$$S = \sqrt{u^2 + c^2}\,(u\, tg\, \alpha - c) \cos^2 \alpha \quad . \; . \; . \; . \quad 42)$$

wenn wir die eben ermittelten Beziehungen für $\sin \alpha'$ und $v$ in Gleichung 41 einführen.

Der 1. Differentialquotient der Gleichung 42 nach $c$ ergibt sich zu:

$$\frac{d\,S}{d\,c} = \cos^2 \alpha \left(u\,tg\,\alpha\,\frac{c}{\sqrt{u^2 + c^2}} - \frac{c^2}{\sqrt{u^2 + c^2}} - \sqrt{u^2 + c^2}\right). \quad 43)$$

Setzen wir denselben gleich Null, so wird:

$$c^2 - \frac{u\,tg\,\alpha}{2}\,.\,c = -\,\frac{u^2}{2}$$

und daraus ergibt sich:

$$c = \frac{u\,tg\,\alpha}{4} \pm \frac{u}{4}\sqrt{tg^2\,\alpha - 8} \quad . \; . \; . \; . \; . \quad 44)$$

Für diese Marschgeschwindigkeit der Fläche wird also die Schubkraft $S$ ein Maximum oder Minimum.

Aus Gleichung 44 lesen wir nun zunächst folgendes ab: Wird $tg^2\,\alpha > 8$ oder $\alpha > 70^0\,30'$ dann erhalten wir unter der Wurzel einen positiven Wert, und zwar ist der 2. Summand der Gleichung 44 dann sicher kleiner als der erste. Wir erhalten daher für alle Winkel $\alpha > 70^0\,30$ unter allen Umständen zwei positive Werte für die Marschgeschwindigkeit $c$ der Fläche, bei denen die Schubkraft ein Maximum oder ein Minimum wird.

Nun bedeutet in Gleichung 44 $u\,tg\,\alpha$ nichts anderes als die ideelle Marschgeschwindigkeit $c_i$ der Fläche, wie aus Fig. 10 zu ersehen ist, also diejenige Geschwindigkeit, bei der die Schubkraft verschwindet.

Wir können nun auf Grund dieser Betrachtung ohne weitere Untersuchung erkennen, daß für Winkel $\alpha > 70^0\,30$ das negative Zeichen in Gleichung 44 diejenige Marschgeschwindigkeit angibt, bei der die Zugkraft ein Minimum werden muß, und zwar liegt dieses Minimum zwischen $c = 0$ und $c = \frac{c_i}{4}$. Das positive Zeichen hingegen liefert ein Maximum von $S$ das offenbar zwischen $c = \frac{c_i}{4}$ und $c$ zu suchen ist.

Der charakteristische Verlauf der $S$-Kurve für größere Winkel als $70^0\,30$ ist also hiermit vollkommen festgelegt. Es bietet das Bild der Fig. 14.

Wird $tg^2\,\alpha = 8$ oder $\alpha = 70^0\,30$, so verschwindet der 2. Summand der Gleichung 44 und dieselbe geht über in

$$c = \frac{u\,tg\,\alpha}{4} \quad \text{oder } c = \frac{c_i}{4} \quad . \; . \; . \; . \; . \; . \quad 45)$$

Das bedeutet, daß Maximum und Minimum zusammenfallen, oder mit andern Worten, wir haben bei $c = \frac{c_i}{4}$ für $\alpha = 70^0\,30$ einen Wendepunkt zu erwarten mit horizontaler

Wendetangente. Wird schließlich $tg^2 \alpha < 8$ oder $\alpha < 70^0\ 30$, so wird der 2. Summand der Gleichung 44 imaginär, d. h. es ist weder ein reelles Maximum noch Minimum mehr möglich.

Um uns weitere Klarheit über den Verlauf der $S$-Kurve zu verschaffen, bestimmen wir noch den 2. Differentialquotienten der Gleichung 42 und erhalten:

$$\frac{d^2 S}{d c^2} = \frac{u^3\, tg\, \alpha - 3\, c\, u^2 - 2\, c^3}{\sqrt{(u^2 + c^2)^3}} \cdot \cos^2 \alpha \quad . \; . \; . \quad 46)$$

Setzen wir denselben gleich Null, so ergibt sich:

$$c^3 + \frac{3}{2} c\, u^2 - \frac{u^3}{2}\, tg\, \alpha = 0$$

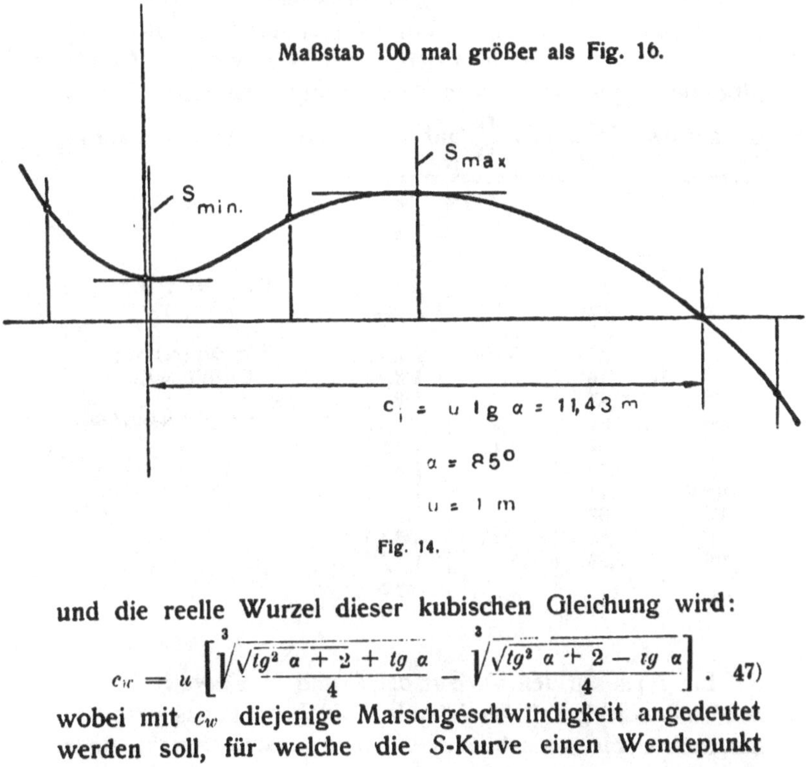


Fig. 14.

und die reelle Wurzel dieser kubischen Gleichung wird:

$$c_w = u \left[ \sqrt[3]{\frac{\sqrt{tg^2\, \alpha + 2} + tg\, \alpha}{4}} - \sqrt[3]{\frac{\sqrt{tg^2\, \alpha + 2} - tg\, \alpha}{4}} \right] . \quad 47)$$

wobei mit $c_w$ diejenige Marschgeschwindigkeit angedeutet werden soll, für welche die $S$-Kurve einen Wendepunkt besitzt.

Aus Gleichung 47 ist zu ersehen, daß die $S$-Kurve der Fläche, gleichviel wie groß der Winkel $\alpha$ wird, unter allen Umständen einen reellen Wendepunkt besitzen muß, und zwar ist dieser Wendepunkt stets auf der positiven Seite der $y$-Achse zu suchen, denn $c_w$ kann für positive Winkel, die für uns lediglich in Betracht kommen, niemals negativ werden.

Zunächst interessiert uns nun, ob dieser Wendepunkt innerhalb des praktisch benutzten Gebietes bleibt, also zwischen $c = 0$ und $c = c_i = u\,tg\,\alpha$ oder ob er auch unter Umständen darüber hinausfallen kann. Ferner ist das Verhältnis $\frac{c_w}{c_i}$ von Bedeutung, das für jeden Winkel $\alpha$ sofort die Lage des Wendepunktes verrät.

Da die unmittelbare Diskussion der Gleichung 47 auf mathematischem Wege, wegen der komplizierten Form der Funktion von $c_w$ keinen Erfolg verspricht, verwende ich die graphischen Methode zur Klärung der eben erwähnten Frage.

In Fig. 15 sind für eine Geschwindigkeit $u = 1$ die Werte von $c_i$ und $c_w$ berechnet für Winkel von 0—90° und als Ordinaten aufgetragen, und zwar $c_i$ nach der Gleichung $c_i = u\,tg\,\alpha$ und $c_w$ nach Gleichung 47. Die folgende Tabelle gibt die Ergebnisse dieser Berechnung. Die letzte Rubrik enthält das Verhältnis $\frac{c_w}{c_i}$ auf das es hauptsächlich ankommt.

| $\alpha$ | $c_w$ | $c_i$ | $\frac{c_w}{c_i}$ |
|---|---|---|---|
| 0° | 0 | 0 | 0/0 |
| 4° | 0,024 | 0.07 | 1/2,92 |
| 10° | 0,06 | 0,176 | 1/2,93 |
| 20° | 0.11 | 0,364 | 1/3,16 |
| 31° | 0,19 | 0,60 | 1/3,16 |
| 40° | 0,27 | 0,84 | 1/3,11 |
| 45° | 0,31 | 1,0 | 1/3,23 |
| 50° | 0,37 | 1,19 | 1/3,22 |
| 60° | 0,49 | 1,73 | 1/3,53 |
| 70°30 | 0,71 | 2,82 | 1/4,00 |
| 80° | 1,07 | 5,67 | 1/5.3 |
| 85° | 1,54 | 11,43 | 1/7,45 |
| 89° | 2,83 | 57,3 | 1/2,0 |
| 90° | $\infty$ | $\infty$ | $\frac{\infty}{\infty}$ |

für $u = 1$ wird
$c_i = tg\,\alpha$

Für Winkel von
0 : 50° wird
$\frac{c_w}{c_i} \sim 1/_3 \sim$ Constant.

Ein Blick auf den Verlauf der $C_i$ und $C_w$-Kurve in Fig. 15 zeigt uns sofort, daß der Wendepunkt niemals das praktisch benutzte Gebiet zwischen $c = 0$ und $C = C_i$ verläßt, denn die $C_w$-Kurve übersteigt nirgends die ideelle Marschgeschwindigkeit.

Was das Verhältnis $C_w/C_i$ betrifft, so erkennen wir aus der vorstehenden Tabelle, daß es ab 90° mit abnehmendem Winkel sehr rasch fällt, während es von 50° abwärts nur ganz langsam sinkt und mit einer für die Praxis genügenden Genauigkeit als konstant zu $C_w/C_i = 1/3$ angenommen werden kann.

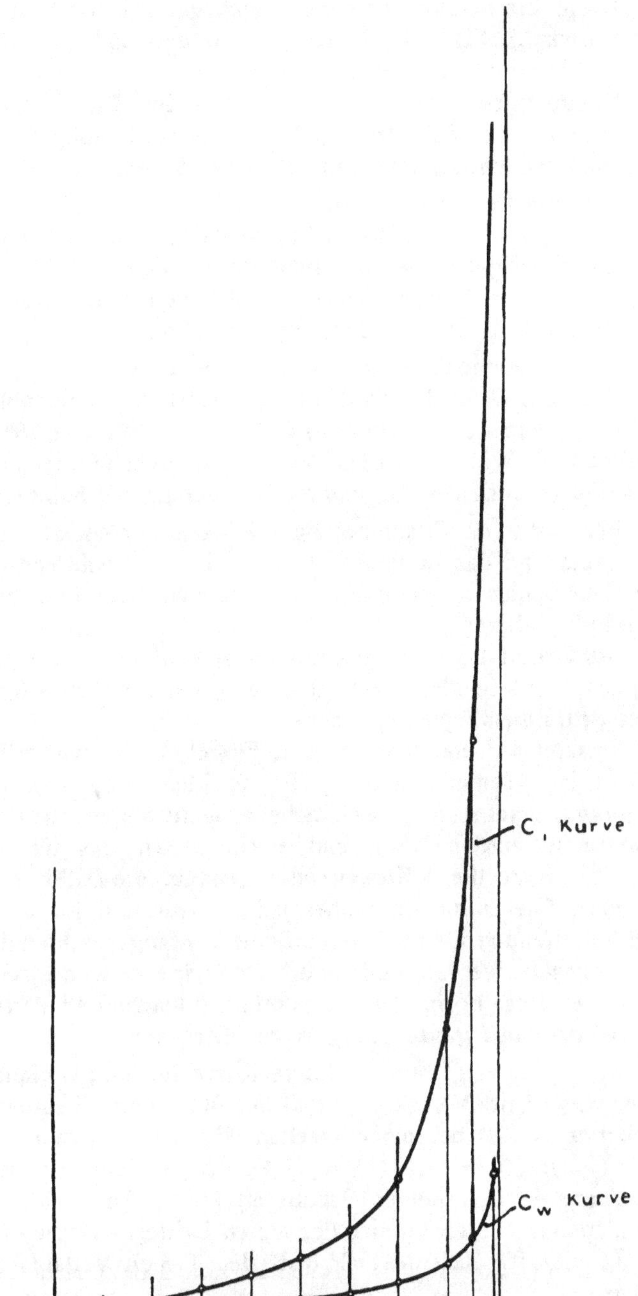


Fig. 15.

Diese Erscheinung entspricht auch ganz dem Charakter der Kurven in Fig. 15, die zwischen 0 und 55 ° gut durch gerade Linien ersetzt werden können.

Einige unbedeutende Abweichungen der Tabellenwerte im andauernden Fall des Wertes $C_w/C_i$ sind lediglich auf Ungenauigkeiten der Rechnung zurückzuführen.

Für Flächen oder Flächenelemente, deren Neigungswinkel $a$ den Wert von 50 ° nicht übersteigen, ist der Wendepunkt nur bei ganz kleinen Winkeln etwa bis $a = 4°$ in der Lage, das erste Drittel zwischen Pol und ideeller Marschgeschwindigkeit um eine Idee zu überschreiten.

Der Wendepunkt rückt um so näher nach dem Pol zu, je größer der Winkel $a$ wird, und ein markanter Augenblick tritt ein, wenn der Neigungswinkel $a$ den Wert von 70° 30 erreicht hat. Wie von vorher bekannt, wird in diesem Falle $C_w = C_i/4$ (s. auch Tabelle) und die Wendetangente horizontal.

Bei weiterer Zunahme des Winkels erscheinen das Maximum und das Minimum in den $S$-Kurven, während der zwischen beiden liegende Wendepunkt sich mehr und mehr dem Pole nähert.

Auf Grund dieser Ueberlegungen ist es nun ohne weiteres möglich, sich ein klares Bild über den Verlauf der $S$-Kurve eines Schraubenflügels zu machen.

Denken wir uns zunächst den Flügel wieder wie früher in einzelne Elemente zerlegt, die so klein sind, daß der Steigungswinkel $a$ für jedes Flächenelement als konstant angenommen werden kann, und zeichnen wir uns für alle diese Elemente die $S$-Kurven oder genauer die $\triangle S$-Kurven auf nach Gleichung 42, wobei jedoch jedesmal für $u$ die dem betreffenden Element zugeordnete Umfangsgeschwindigkeit eingesetzt werden muß, so erhalten wir eine Kurvenschar von allgemeiner Form, die es uns möglich macht, den Verlauf der $S$-Kurve des ganzen Flügels zu übersehen.

In Fig. 16 zeigt nun die obere Kurve für eine Umfangsgeschwindigkeit von $u = 11{,}43$ m und einen Steigungswinkel $a = 45°$ bei einer ideellen Marschgeschwindigkeit von $C_i = u \, tg \, a = 11{,}43 \cdot 1 = 11{,}43$ den Verlauf der nach Gleichung 42 berechneten Schubkraftskurve. Die Lage des Wendepunkts an der Grenze des ersten Drittels zwischen Pol und $C_i$ markiert sich deutlich trotz des flachen Verlaufs der Kurve.

Im gleichen Maßstabe zeigt in Fig. 16 die untere Kurve den Verlauf der Schubkraft für ein der gleichen Schraubenfläche angehöriges Flächenelement mit dem Grenzneigungswinkel von $\alpha = 70^0$ 30, der eine horizontale Wendetangente bei $c = \frac{C_i}{4}$ fordert.

Für zwei weitere derselben Schraubenfläche angehörige Flächenelemente zeigen Fig. 14 und 17 die Schubkraftskurven für Neigungswinkel von 85 ⁰ und 10 ⁰, und zwar der Deutlichkeit bezw. der Raumverhältnisse halber die erstere

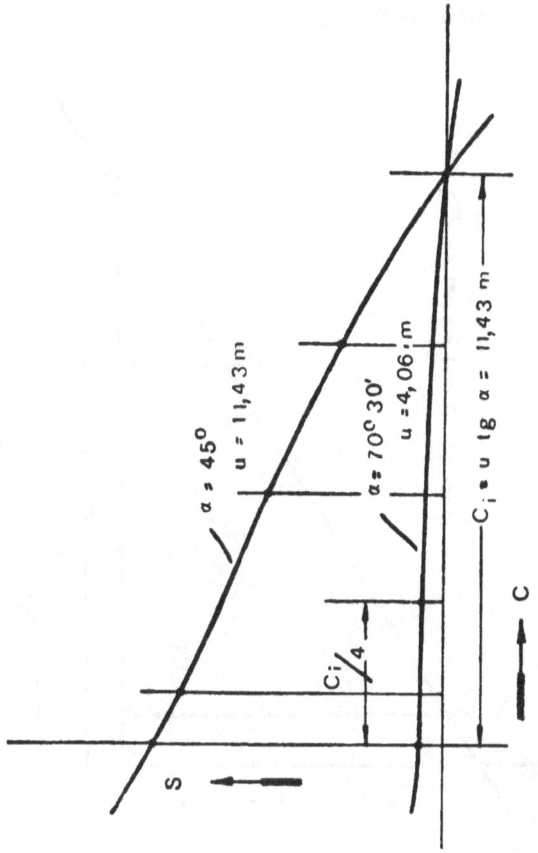


Fig. 16.

in 100 mal größerem, die zweite in 10 mal kleinerem Maßstabe als die Kurven der Fig. 16.

Die Kurve für $a = 10^0$ ist bereits nicht mehr von einer Geraden zu unterscheiden, während die Kurve für $\alpha = 45^0$ mit einer für die Praxis genügenden Genauigkeit durch eine Gerade ersetzt werden kann.

Die Kurve verflacht sich nun um so mehr, je kleiner die Neigungswinkel werden, und wir können nun schon mit

Sicherheit feststellen, daß Schrauben, die keine Neigungswinkel über 45° besitzen, was in der Praxis häufig vorkommt, stets eine Schubkraftskurve besitzen, die mit großer Genauigkeit durch eine Gerade ersetzt werden kann.

Aus Fig. 16 ersehen wir weiter, daß selbst bis zu dem Grenzwinkel $a = 70^{0}\ 30$ der einförmige und flache Verlauf der Kurven keine wesentliche Aenderung erfährt, so daß auch Schrauben mit maximalen Steigungswinkeln bis zu 70° im

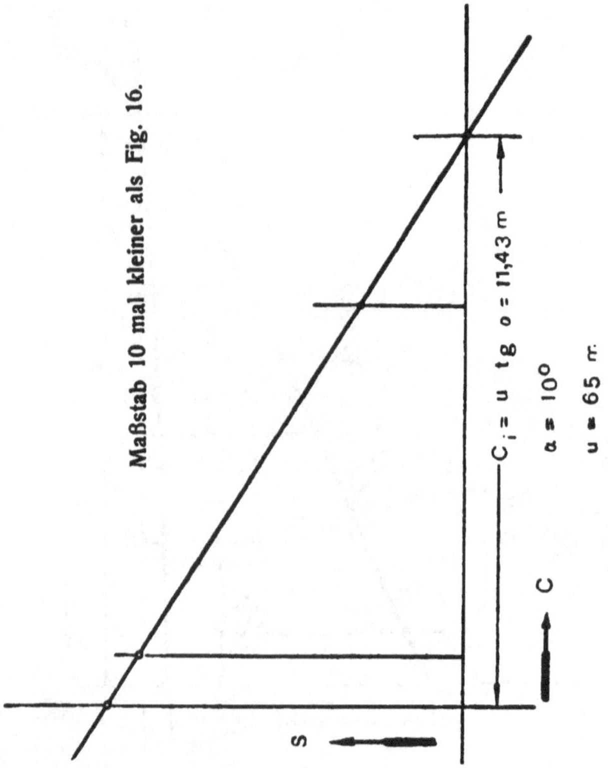


Fig. 17.

Verlauf ihrer *S*-Kurven keine nennenswerte Abweichung von einer Geraden zeigen werden, und wie schließlich aus Fig. 14 unter Berücksichtigung ihres Maßstabes gegenüber Fig. 16 hervorgeht, sind selbst diejenigen Flächenelemente, deren Neigungswinkel $70^{0}\ 30'$ überschreiten, auf Grund der geringen absoluten Größe der von ihnen erzeugten Schubkräfte nicht mehr in der Lage, den Verlauf der *S*-Kurve des ganzen Flügels merklich zu beeinflussen, abgesehen davon, daß derartig große Neigungswinkel in der Praxis selten vorkommen, so daß hiermit der Beweis dafür erbracht sein dürfte, daß man ein für alle mal die $S$-Kurve durch eine Gerade ersetzen kann.

Ein Blick auf die Gleichung 31 läßt erkennen, von welcher Bedeutung dieser Umstand ist, in Rücksicht auf die knapp bemessene Zeit, die dem in der Praxis stehenden Ingenieur für längere Rechnungen zur Verfügung steht.

## 7. Berechnung der Zugkraft in der Praxis.

Nach Ersatz der $S$-Kurve durch eine gerade Linie, erhalten wir für die Zugkraft $S$ bei der Marschgeschwindigkeit $c$ aus den geometrischen Beziehungen der Fig. 18

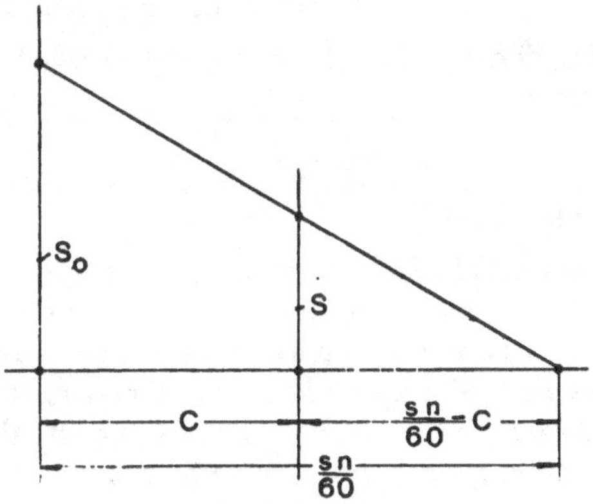


Fig. 18.

$$\frac{S}{S_0} = \frac{\frac{s\,n}{60} - c}{\frac{s\,n}{60}}$$

$$\text{oder: } S = S_0 \frac{s\,n - 60\,c}{s\,n} \quad \ldots\ldots \quad 48)$$

Nach Einführung der in Gleichung 6) für $S_0$ erhaltenen Beziehung geht Gleichung 48) über in:

$$S = a\,\beta\,\frac{\gamma}{g} \cdot \frac{\pi^2 n^2}{1800} \left(R^2 - r^2 - a^2 \ln \frac{R^2 + a^2}{r^2 + a^2}\right) \frac{s\,n - 60\,c}{s\,n}$$

Multiplizieren wir die vorstehende Gleichung noch mit der Flügelzahl $z$ der Schraube und beachten wir, daß der Faktor $a$ durch den Wert $\frac{s}{2\,\pi}$ ersetzt werden kann, so geht dieselbe nach einer kleinen Umformung über in:

$$S = z\,\beta\,\frac{\gamma}{g} \cdot \frac{\pi}{3600} (s\,n^2 - 60\,c\,n) \left(R^2 - r^2 - a^2 \ln \frac{R^2 + a^2}{r^2 + a^2}\right) . \quad 49)$$

und in dieser Form repräsentiert die Gleichung die gesamte Zugkraft einer gegebenen Schraube bei der Tourenzahl $n$ und der Marschgeschwindigkeit $c$.

Gleichung 49 dient also auf Grund der Untersuchungen im vorausgehenden Kapitel als Ersatz für die komplizierte und praktisch äußerst unbequeme Gleichung 31).

Fassen wir in Gleichung 49) die Dimensionen der Schraube mit den konstanten Größen zu einer gemeinsamen Konstanten $C$ zusammen, so zeigt sich dieselbe in der übersichtlichen Form:

$$S = C\,(s n^2 - 60\, c n) \quad . \; . \; . \; . \; . \; . \; . \; . \quad 50)$$

und schließlich erhalten wir daraus noch durch Verbindung mit Gleichung 36)

$$N_i = C'\,(s n^3 - 60\, c n^2) \quad . \; . \; . \; . \; . \; . \quad 51)$$

wobei $C'$ für den aus lauter konstanten Größen zusammengesetzten Faktor

$$C \cdot \frac{s}{60 \cdot 75}$$

gesetzt wurde.

Nach den Gleichungen 7) und 14) verhalten sich die Zugkräfte einer am Ort arbeitenden Schraube wie die Quadrate, die zur Erzeugung dieser Zugkräfte erforderlichen Arbeiten dagegen, wie die dritten Potenzen der zugehörigen Tourenzahlen.

Aus den Gleichungen 50 und 51 ersehen wir nun, daß dieser Satz für im Marsch befindliche Schrauben seine Gültigkeit verliert.

Bezeichnen wir für eine Marschgeschwindigkeit $c$ die Zugkraft einer Schraube bei der Tourenzahl $n'$ mit $S'$ und die zugehörige Arbeitsaufnahme mit $N_i'$ so verhalten sich die Zugkräfte bei verschiedenen Tourenzahlen beziehungsweise die erforderlichen Arbeiten nach den Gleichungen 50) und 51) wie:

$$\frac{S}{S'} = \frac{s n^2 - 60\, c n}{s n'^2 - 60\, c n'} \quad . \; . \; . \; . \; . \; . \; . \quad 52)$$

$$\text{und} \quad \frac{N_i}{N_i'} = \frac{s n^3 - 60\, c n^2}{s n'^3 - 60\, c n'^2} \quad . \; . \; . \; . \; . \; . \quad 53)$$

während wir für die am Ort arbeitenden Schrauben nach den Gleichungen 7) und 14) für dieses Verhältnis erhalten:

$$\frac{S_0}{S_0'} = \frac{n^2}{n'^2} \quad . \; . \; . \; . \; . \; . \; . \; . \; . \; . \quad 54)$$

$$\text{und} \quad \frac{N_i}{N_i'} = \frac{n^3}{n'^3} \quad . \; . \; . \; . \; . \; . \; . \; . \; . \quad 55)$$

Setzen wir in den Gleichungen 52) und 53) die Marschgeschwindigkeit $C = 0$, so gehen dieselben über in die Gleichungen 54) und 55), welche für die an der Stelle laufende Schraube abgeleitet waren.

Dieser bemerkenswerte Unterschied, der in der Praxis oft übersehen wird, ist leicht zu erklären. Bei einer im Marsch befindlichen Schraube ändern sich nämlich mit der Tourenzahl bei gleichbleibender Marschgeschwindigkeit auch die Einfallswinkel $\alpha'$ der Luft auf die Flächenelemente, wie aus Fig. 19 ohne weiteres ersichtlich ist, während diese Winkel bei der am Ort laufenden Schraube, unabhängig von der Tourenzahl, stets die gleichen bleiben. In letzterem Falle ändert sich daher die Zugkraft lediglich mit dem

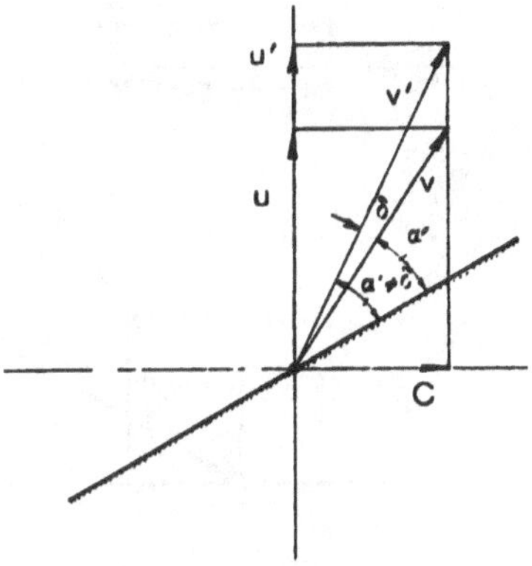


Fig. 19.

Quadrate der Tourenzahl, während sie bei der im Marsch befindlichen Schraube außerdem noch von der Aenderung der Einfallswinkel beeinflußt wird.

Wir können jedoch gleichzeitig mit der Tourenzahl im selben Maße auch die Marschgeschwindigkeit verändern, so daß der Einfallswinkel $\alpha'$ konstant bleibt. Siehe Fig. 20. In diesem besonderen Falle hat die Schraube keine Veranlassung mehr, von dem durch die Gleichungen 54) und 55) ausgesprochenem Gesetze abzuweichen. Die Gleichungen 52) und 53) nehmen auch ohne weiteres die Form der Gleichungen 54) und 55) an, wenn wir die aus Fig. 20 sich ergebende Bedingung berücksichtigen, wonach

$$\frac{n}{n'} = \frac{c}{c'}$$

ist.

Gleichung 52) schreibt sich allgemein:

$$\frac{S}{S'} = \frac{s\,n^2 - 60\,c\,n}{s\,n'^2 - 60\,c'\,n'} \quad \ldots\ldots\ldots \quad 56)$$

Setzen wir darin

$$c = c'\,\frac{n}{n'}$$

entsprechend den geometrischen Verhältnissen der Fig. 20, so geht dieselbe über in:

$$\frac{S}{S'} = \frac{s\,n^2 - 60\,c'\,\frac{n^2}{n'}}{s\,n'^2 - 60\,c'\,n'}$$

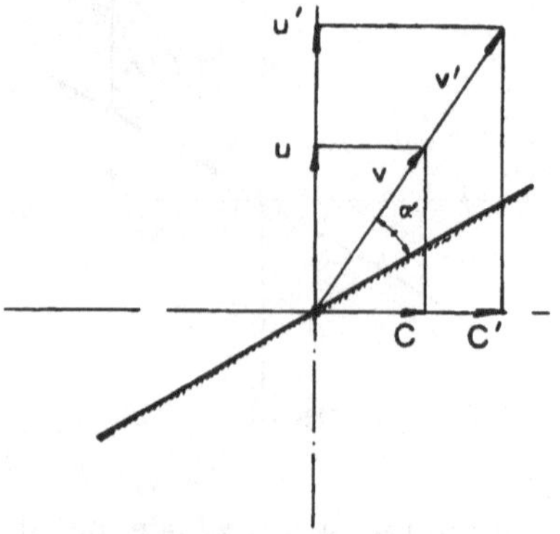

Fig. 20.

oder nach einigen Umformungen:

$$\frac{S}{S'} = \frac{n^2\,(s\,n' - 60\,c')}{n'^2\,(s\,n' - 60\,c')} = \frac{n^2}{n'^2}$$

Analog wird auch

$$\frac{N_i}{N_i'} = \frac{n^3}{n'^3};$$

Also nur in diesem besonderen Falle verhalten sich die Zugkräfte und Arbeitsmengen bei Schrauben im Marsch lediglich wie die Quadrate bezw. die dritten Potenzen der Tourenzahlen, also den Verhältnissen der am Ort laufenden Schraube entsprechend.

## III. Schrauben mit gewölbten Flächen.

### 1. Größe des Normaldruckes bei schwach gewölbten Flächen. Wölbungsgrad und Wölbungskoeffizient.

Für eine ebene, unter einem Winkel $\alpha$ mit der Geschwindigkeit $v$ durch die Luft gezogene Fläche (Fig. 21), bestimmt sich nach dem von Loessl'schen Gesetz der unter dem Luftwiderstande auftretende Normaldruck zu:

$$Q = \frac{\gamma}{g} \cdot F\, v^2 \sin \alpha$$

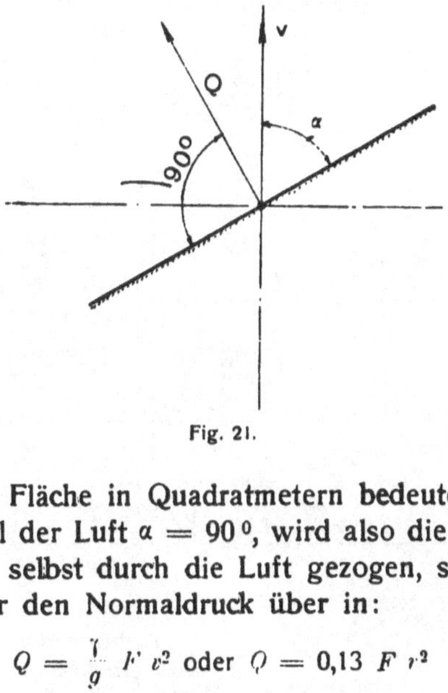


Fig. 21.

wobei $F$ die Fläche in Quadratmetern bedeutet. Wird der Einfallswinkel der Luft $\alpha = 90^0$, wird also die Fläche senkrecht zu sich selbst durch die Luft gezogen, so geht obige Gleichung für den Normaldruck über in:

$$Q = \frac{\gamma}{g}\, F\, v^2 \text{ oder } Q = 0{,}13\, F\, v^2$$

wenn wir für das Gewicht von 1 cbm Luft $\gamma = 1{,}293$ kg und für die Erdbeschleunigung $g = 9{,}81$ einsetzen.

Führt man nun eine flach gewölbte Fläche von denselben Dimensionen mit derselben Geschwindigkeit durch die Luft, wie vorher die ebene Fläche, so zeigt sich, daß der Nor-

4

maldruck bei der flach gewölbten Fläche um so größer wird, gegenüber demjenigen der

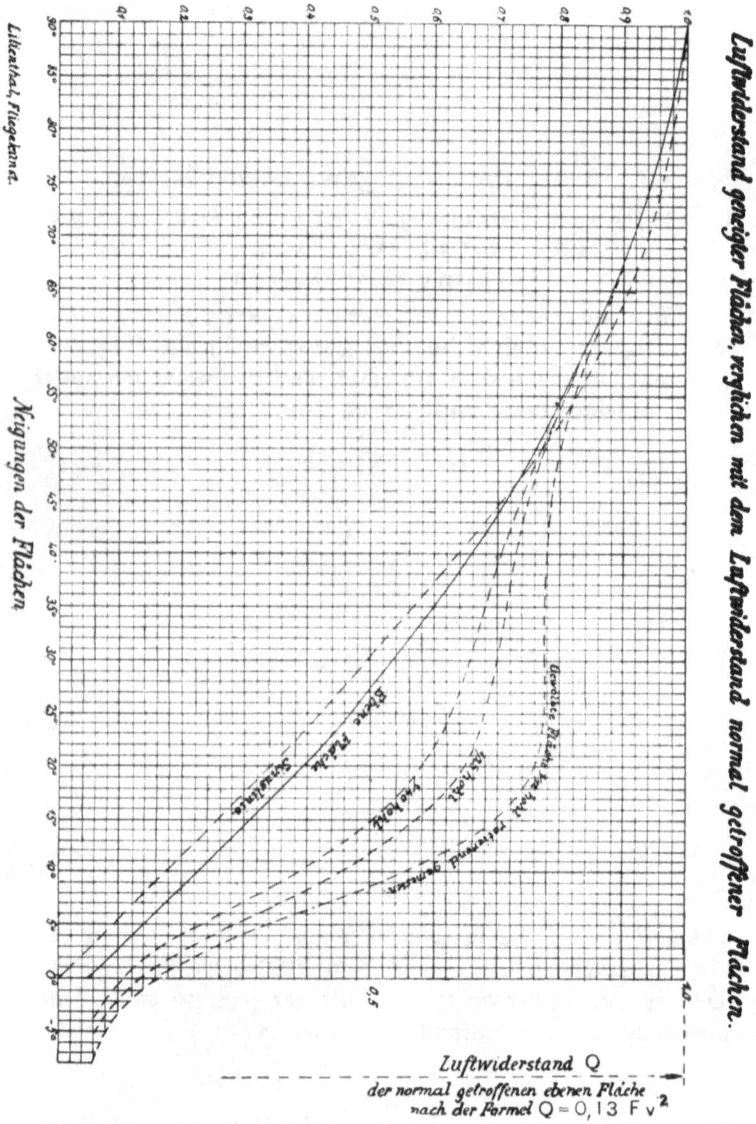


ebenen Fläche, je kleiner die Neigungswinkel α gewählt wurden.

Die wichtigsten Ergebnisse der grundlegenden Versuche der Gebrüder Lilienthal auf diesem Gebiete, veranschaulicht uns die nebenstehende Kurventafel, die dem Werke Lilienthals „Der Vogelflug als Grundlage der Fliegekunst“ entnommen ist. Auf der $x$ Achse sind die Neigungswinkel $\alpha$ aufgetragen und auf der $y$ Achse die zugehörigen Normalkräfte $Q$.

Die ausgezogene Kurve zeigt uns diese Kräfte für eine ebene Fläche. Unmittelbar daneben zeigt die gestrichelte Kurve den Verlauf der mathematischen Sinuslinie, welche die Normalkräfte nach dem von Loessl'schen Gesetze angibt. Aus dem Vergleiche beider Kurven können wir ersehen, daß die Uebereinstimmung des Loessl'schen Luftwiderstandsgesetzes mit der Wirklichkeit nicht viel zu wünschen übrig läßt.

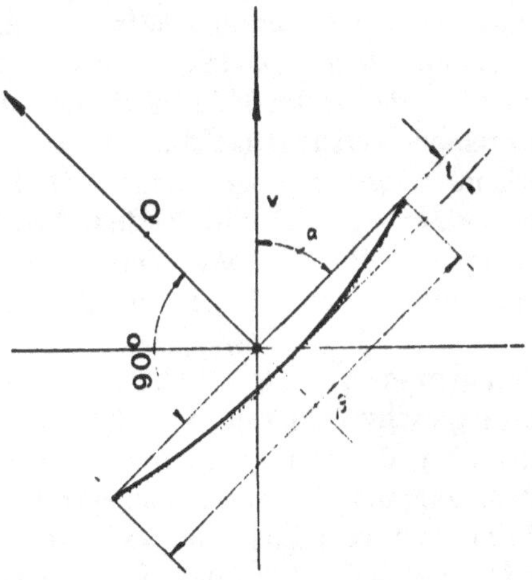


Fig. 22

Die weiter auf der Tafel eingetragenen gestrichelten Kurven stellen den Verlauf der Normalkräfte schwach gewölbter Flächen dar, die mit der gleichen Geschwindigkeit, wie vorher die ebene Fläche, durch die Luft bewegt wurden. Sämtliche Versuchsflächen besaßen die gleiche Gestalt und den gleichen Flächeninhalt von $1/2$ qm.

Die Bewegung der Flächen erfolgte nicht in gerader Linie, sondern in einer Kreisbahn von 7 m Durchmesser. Die Geschwindigkeiten gingen bis zu 12 m per Sekunde.

Die Wölbungen der Flächen waren verschieden. Die Wölbung wird gemessen durch das Verhältnis zwischen der Pfeilhöhe und Sehnenlänge des Wölbungsbogens.

Wir bezeichnen dieses Verhältnis als **Wölbungsgrad** und verstehen darunter nach Fig. 22 die Größe

4*

$$\varphi = \frac{l}{\beta};$$

Für die ebene Fläche wird also $\varphi = 0$; als Neigungswinkel gilt der Winkel $\alpha$, den die Sehne des Wölbungsbogens mit der Bewegungsrichtung einschließt.

Die von Lilienthal zur Anwendung gebrachten Wölbungsgrade betrugen $^1/_{40}$, $^1/_{25}$ und $^1/_{12}$. In der Kurventafel ist auf jeder Kurve der zugehörige Wölbungsgrad vermerkt.

Wir erkennen aus dem eigenartigen Verlauf der Kurven eine ganz außerordentliche Steigerung der Luftwiderstandskräfte gegenüber der ebenen Fläche. Besonders interessant verläuft die oberste Kurve für den Wölbungsgrad $\varphi = {}^1/_{12}$, bei der zwischen 25° und 40° die Neigungswinkel keinen Einfluß mehr auf die Normalkräfte gewinnen können, denn sie bleiben zwischen den genannten Winkeln fast konstant.

Bei den großen Neigungswinkeln, etwa ab 65°, verschwindet schließlich der Unterschied zwischen den Normalkräften der einzelnen Versuchsflächen.

Ferner erkennen wir aus der Lage der Kurven, daß die Luftwiderstandskräfte mit wachsendem Wölbungsgrade zunehmen, wenigstens für die den Versuchen zu Grunde liegenden Geschwindigkeiten, die bis zu 12 m per Sekunde erreichten.

Der Wölbungsgrad $\varphi = {}^1/_{12}$ stellt jedoch für die vorliegende Versuchsgeschwindigkeit die oberste Grenze dar. Macht man nämlich die Wölbung noch stärker als $^1/_{12}$, so nehmen nach Lilienthal die Widerstandskräfte wieder ab.

*Es ist ferner nach Lilienthal zu erwarten, daß für größere Geschwindigkeiten als 12 m per Sekunde durch schwächere Wölbungen als $^1/_{12}$ die größten Kräfte erzielt werden könnten. Es scheint sonach, daß jeder Geschwindigkeit ein Wölbungsgrad zugeordnet ist, bei welchem die Luftwiderstandskräfte ein Maximum erreichen.*

Jede Verstärkung oder Verringerung der Wölbung hat dann ein Nachlassen der Kraftwirkungen zur Folge. Genauer ist diese für den Entwurf von Luftschrauben äußerst wichtige Frage jedoch leider noch nicht erforscht. Wir können uns daher bei der Berechnung von Schrauben mit gewölbten Flächen vorerst nur auf die Versuchsergebnisse Lilienthals stützen, die uns für die Wölbungsgrade $^1/_{12}$, $^1/_{25}$ und $^1/_{40}$ bekannt sind, und bei deren Anwendung wir im Auge behalten müssen, daß die Versuchsgeschwindigkeiten 12 m per Sekunde nicht überschritten haben.

Die Methode der Berechnung jedoch behält ihre Gültigkeit auch dann, wenn sich später auf Grund weiteren Versuchsmaterials herausstellen sollte, daß für die großen Drehgeschwindigkeiten der Luftschrauben wesentlich andere Verhältnisse in Kraft treten, als sie durch die vorliegende Lilienthalsche Kurventafel zur Darstellung gelangen.

Schließlich muß noch bemerkt werden, daß die Luftwiderstandskraft $Q$ (Fig. 21 und 22) nach Lilienthal nicht immer genau senkrecht zur Fläche, bezw. zu deren Sehne steht, sondern daß Abweichungen von der Senkrechten auftreten, die besonders durch die Neigungswinkel und den Wölbungsgrad beeinflußt werden. Für das Studium des Vogelfluges sind diese interessanten und von Lilienthal sorgfältig gemessenen Abweichungen von Bedeutung. Sie sind indessen so gering, daß sie für unsere Zwecke ohne Schaden vernachlässigt werden können. Wir nehmen also nach wie vor an, daß die Luftwiderstandskraft senkrecht auf der Fläche bezw. auf deren Sehne steht.

Von Wichtigkeit für uns ist die absolute Größe dieser Kräfte, und für die Berechnung der Schrauben mit gekrümmten Flächen vor allem diejenige Zahl, welche uns bei gegebenem Wölbungsgrad und bei einem bestimmten Neigungswinkel angibt, um wieviel mal größer die Normalkraft der gewölbten Fläche wird, gegenüber derjenigen einer ebenen Fläche unter denselben Verhältnissen, oder mit anderen Worten, der Quotient zwischen der Normalkraft der gewölbten und derjenigen der ebenen Fläche.

Diesen Quotienten nenne ich den Wölbungs-Koeffizienten und bezeichne ihn mit $K$.

In den Fig. 23 und 24 sind die Wölbungskoeffizienten für die Wölbungsgrade $^1/_{25}$ und $^1/_{12}$ ermittelt und für jeden Neigungswinkel als Ordinate aufgetragen, und zwar ist für jeden Winkel der Quotient bestimmt zwischen der Normalkraft der gewölbten Fläche und dem durch die mathematische Sinuslinie gegebenen Werte für die ebene Fläche, und zwar deshalb, weil die vorausgehenden Rechnungen ebenfalls auf dieser Sinuslinie aufgebaut sind.

Aus dem Verlauf der Kurven für die Wölbungskoeffizienten in den Fig. 23 und 24 ist ebenso wie aus den Lilienthal'schen Kurven zu ersehen, daß für die großen Winkel zwischen 65 und 90° der Wölbungskoefffizient fast konstant gleich 1 bleibt, das heißt also, daß zwischen den Luftwiderstandskräften der gewölbten und der ebenen

Flächen bei diesen Winkeln kein Unterschied besteht. Von hier ab steigt der Wölbungskoeffizient mit abnehmendem Winkel, so daß z. B. nach Fig. 23 bei *c* 20° der Wölbungskoeffizient $K = 2$ und bei *c* 7° gleich 3 geworden ist. Die Normalkräfte der gewölbten Flächen werden also bei diesen

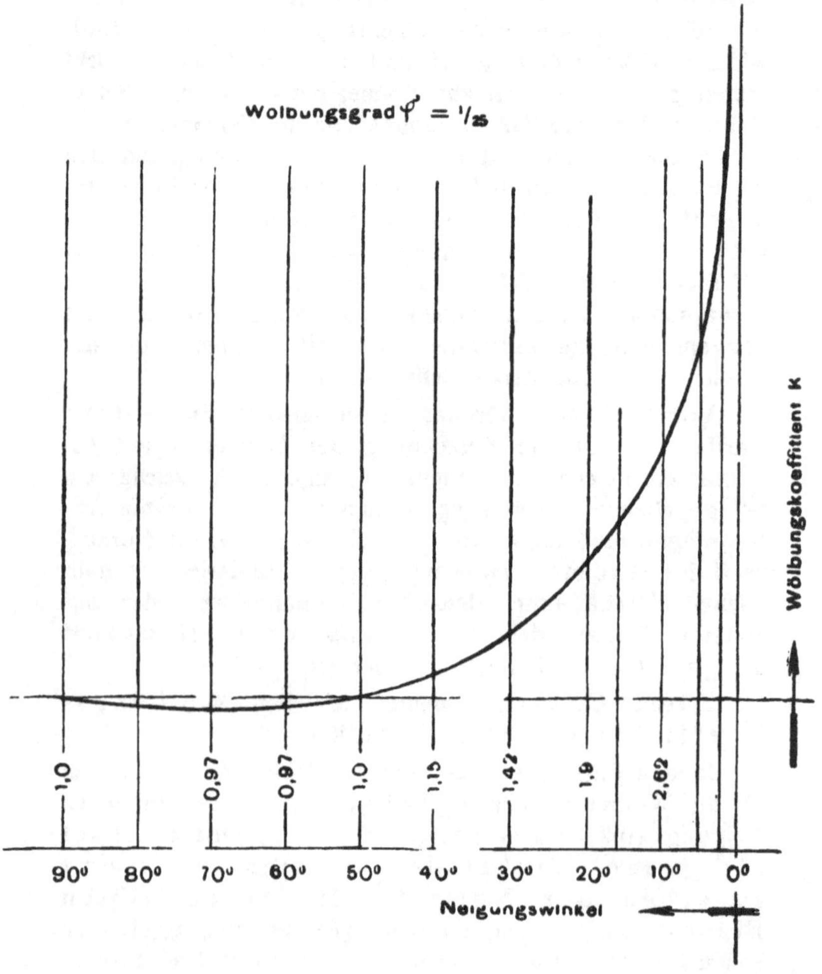


Fig. 23.

Winkeln 2 bezw. 3 mal so groß als für die ebene Fläche. Mit weiter abnehmenden Winkeln steigt der Wölbungskoeffizient rapid bis zum Unendlichen, d e n n d i e g e w ö l b t e F l ä c h e l i e f e r t a u c h n o c h e i n e N o m a l k r a f t , w e n n s i e u n t e r d e m N e i g u n g s w i n k e l 0° d u r c h d i e L u f t g e z o g e n w i r d ; wenn also ihre

Sehne mit der Bewegungsrichtung zusammenfällt, während die ebene Fläche nach dem Sinusgesetze keine Normalkraft mehr aufweisen kann, wenn der Neigungswinkel der Fläche zur Bewegungsrichtung verschwindet. Wir erhalten

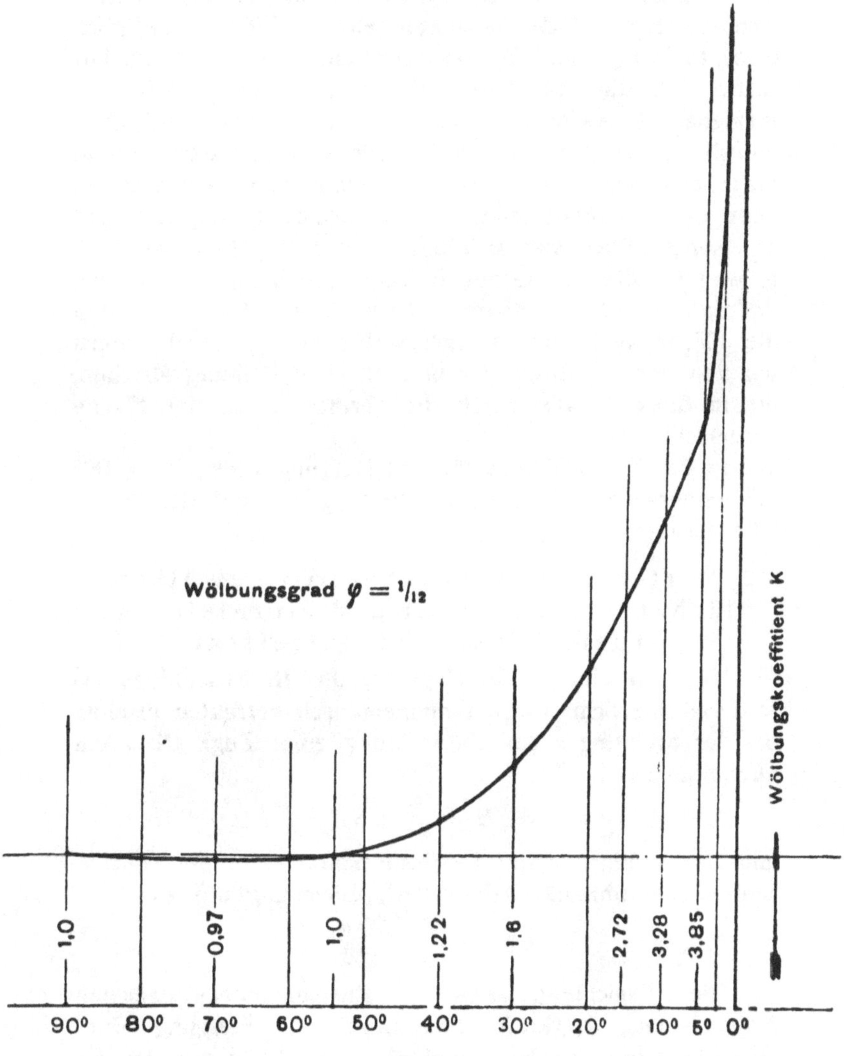


Fig. 24.

aus diesem Grunde für den Neigungswinkel von 0° einen unendlich großen Wölbungskoeffizienten.

Nach der Lilienthal'schen Kurventafel zeigt allerdings auch die ebene Fläche für den Neigungswinkel 0° noch eine kleine Kraft, wie wir an der ausgezogenen Kurve erkennen, jedoch steht diese Kraft nicht mehr senkrecht auf der Fläche, sondern sie liegt in derselben, und zwar der Bewegungsrichtung entgegen gerichtet. Sie stellt nichts anderes dar, als den Reibungswiderstand sowie den durch die endliche Dicke der Versuchsfläche hervorgerufenen Kantenwiderstand der bewegten ebenen Fläche. Lediglich diese Reibungs- und Kantenwiderstände sind auch die Ursache, daß die von Lilienthal für die ebene Fläche gemessenen Luftwiderstandskräfte von der mathematischen Sinuslinie, die das Loessl'sche Gesetz vorschreibt, um so mehr abweichen, je kleiner die Neigungswinkel werden, denn es ist einleuchtend, daß die Reibung der Luft und der Kantenwiderstand sich um so stärker geltend machen, je weniger die Fläche zur Bewegungsrichtung geneigt ist, und daß diese Kräfte andererseits völlig verschwinden, wenn die Fläche senkrecht zu sich selbst bewegt wird, sofern wir von dem Einflusse der unmerklichen Reibung absehen, die in diesem Falle durch die geringe Dicke der Fläche verursacht wird.

In der Tat fällt auch für den Neigungswinkel $\alpha = 90^0$ die gemessene Luftwiderstandskraft genau mit der Sinuslinie zusammen.

### 2. Vorteile der Schrauben mit gewölbten Flächen. Drehmoment und einzuleitende Arbeit. Effekt und Nutzeffekt.

Nach Gleichung 35), Kapitel 2 des II. Abschnittes erforderte eine Schraube mit mathematisch korrekten Flächen bei der Steigung $s$ zur Entwicklung einer Zugkraft $S$ ein Drehmoment:

$$M = \frac{s}{2\,\pi} \cdot S$$

und daraus folgte weiter die dieser Schraube bei der Tourenzahl $n$ zuzuführende Arbeit nach Gleichung 36) zu:

$$N_i = \frac{S}{75} \cdot \frac{s\,n}{60}$$

Diese Gleichung, welche den Zusammenhang zwischen Arbeitsbedarf, Zugkraft, Tourenzahl und Steigung einer Schraube veranschaulicht, und die sowohl für am Ort, als auch im Marsch arbeitende Schrauben gilt, bietet den wichtigsten Anhalt für den Entwurf einer Luftschraube.

Wie aus der Ableitung dieser Gleichung Abschnitt II, Kapitel 2 hervorgeht, besitzt sie den Vorzug, daß sie unabhängig ist von jedem Gesetz bezw. jeder Hypothese über die Größe des Normaldruckes $dQ$ eines Flächenelementes, denn die Größe dieses Normaldruckes, der in meiner Arbeit nach dem v. Loessl'schen Gesetz bestimmt ist, zu

$$d\,Q = \frac{\gamma}{g}\,\beta\,d\,x\,v^2\,sin\,\alpha'$$

hebt sich bei der Division der Gleichungen 27) und 33) aus Zähler und Nenner hinaus, so daß also die aus diesem Quotienten hervorgehende Gleichung 36) auch unbesorgt von denjenigen benützt werden kann, welche die Zuverlässigkeit des v. Loessl'schen Gesetzes bezweifeln.

Da die Größe des Normaldruckes bei der Ableitung der Gleichung 36) keine Rolle spielt, so gilt diese Gleichung nicht nur für

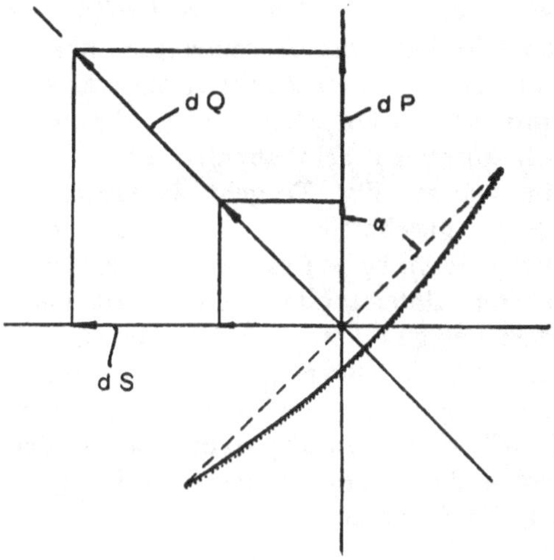


Fig. 25.

mathematisch korrekte Schraubenflächen, die in allen vorausgehenden Rechnungen vorausgesetzt waren, sondern sie muß auch für solche Schraubenflächen gelten, die in der Richtung des Umfanges gewölbt sind, bei denen also ein im beliebigen Abstande von der Achse geführter Schnitt das Bild der Fig. 25 zeigt.

Als Steigungswinkel der Schraubenfläche gilt in diesem Falle der Winkel $\alpha$, den die Sehne der Wölbungskurve mit der Richtung der Umfangsgeschwindigkeit einschließt.

Durch solche Krümmungen der Flächenelemente können bei zweckmäßiger Ausführung ganz erhebliche Steigerungen der Zugkraft und des Effektes einer Schraube erzielt werden.

Der Normaldruck $dQ$ eines gewölbten unter dem Sehnenwinkel $\alpha$ durch die Luft gezogenen Flächenelementes kann nach Lilienthal, wie wir im vorigen Kapitel gesehen haben, unter Umständen doppelt und dreifach so groß werden, als der Normaldruck eines unter dem gleichen Winkel und mit derselben Geschwindigkeit bewegten Flächenteilchens von der gleichen Form und Größe.

Dieser Umstand scheint nach einem Blick auf Fig. 25 noch keinen Vorzug der gewölbten Flächen zu bedeuten, denn wenn der Normaldruck größer wird, dann wachsen im gleichen Maße auch dessen Komponenten, die Zugkraft $dS$ und die Umfangskraft $dP$. Wird also die Zugkraft dreimal größer, dann erfordert diese Schraube auch dreimal größere Arbeit zur Erzeugung dieser Zugkraft. Der Effekt, oder die Zugkraft pro PS. wäre also die gleiche wie bei den mathematisch korrekten Schraubenflächen.

Dasselbe, wie aus Fig. 25, geht aus Gleichung 36) hervor, wonach bei gleichbleibender Tourenzahl eine größere Zugkraft auch eine im selben Maße größere Arbeit verlangt.

Bei näherer Untersuchung jedoch erkennt man die Ueberlegenheit der gewölbten Flächen sofort.

Angenommen, die Zugkraft einer gewölbten Schraubenfläche sei bei sonst völlig gleichen Schraubendimensionen und bei derselben Tourenzahl $n$ dreimal größer, als die einer mathematischen Schraubenfläche, so haben wir für die letztere nach Gleichung 36)

$$N_i = \frac{S}{75} \cdot \frac{sn}{60}$$

und für die erstere:

$$3\,N_i = \frac{3\,S}{75} \cdot \frac{sn}{60};$$

Der Effekt, oder die Zugkraft pro PS., ist also bei beiden Schrauben der gleiche, nämlich

$$\varepsilon = \frac{S}{N_i} = \frac{3\,S}{3\,N_i} = \frac{75\,.\,60}{s\,.\,n};$$

Stellen wir jedoch die Bedingung, daß zum Betriebe der gewölbten Schraube dieselbe Arbeit aufgewendet werden soll, wie für die Schraube mit mathematisch genauen Flächen, so kommt der Vorzug der ersteren deutlich zur Geltung.

Wir haben nämlich nach Gleichung 14) für die Schraube mit gewölbten Flächen in diesem besonderen Falle

$$3\,N_i = C'\,n^3$$

wobei $N_i$ die Arbeit bedeutet, die eine mathematisch korrekte Schraubenfläche von sonst genau den gleichen Dimensionen bei der gleichen Tourenzahl $n$ erfordern würde.

Gleichung 14) gilt ohne weiteres auch für gewölbte Schrauben, es ändert sich dabei lediglich der Wert der konstanten Größe $C'$.

Soll nun die Schraube mit gewölbten Flächen die gleiche Arbeit aufnehmen, als die mathematisch korrekte Schraube bei der Tourenzahl $n$ benötigt, so erhalten wir für die erstere wiederum nach Gleichung 14)

$$N_i = C' n'^3$$

und durch Division der beiden letzten Gleichungen ergibt sich die Tourenzahl $n'$ der Schraube mit gewölbten Flächen unter der gestellten Bedingung zu:

$$n' = \frac{n}{\sqrt[3]{3}}$$

Wir erhalten also nach Gleichung 36) für die Schraube mit gewölbten Flächen:

$$N_i = \frac{S'}{75} \cdot \frac{s\,n'}{60}$$

wobei $S'$ die Zugkraft bedeutet, welche die Schraube bei der Tourenzahl $n'$ entwickelt, während für die mathematische Schraubenfläche die Beziehung gilt:

$$N_i = \frac{S}{75} \cdot \frac{s\,n}{60};$$

Setzen wir die beiden letzten Gleichungen einander gleich, so ergibt sich daraus die Zugkraft der gewölbten Schraube zu:

$$S' = S \frac{n}{n'}$$

und nach Einsetzen des vorher gefundenen Wertes von $n'$ wird

$$S' = \sqrt[3]{3}\, S$$

so daß wir für den Effekt der gewölbten Schraube für unseren Spezialfall erhalten:

$$\frac{S'}{N_i} = \frac{\sqrt[3]{3}\, S}{N_i} = \sqrt[3]{3} \, . \, \varepsilon$$

also einen um $\sqrt[3]{3}$ mal größeren Wert, als ihn die mathematische Schraubenfläche zu liefern vermag.

Der Vorzug der gewölbten Flächen beruht also darauf, daß sie unter dem gleichen Arbeitsaufwand bei kleinerer Tourenzahl eine größere Zugkraft entwickeln als die mathematisch genauen Flächen.

Nachfolgende Fig. 26 veranschaulicht diese Tatsache an ausgeführten Versuchen. Die beiden den Versuchen zu Grunde liegenden 2flügeligen Schrauben besaßen 1,9 m Steigung und 2,4 m Durchmesser. Flügelform und Ausführung waren bei beiden völlig gleich. Der Unterschied zwischen ihnen bestand lediglich darin, daß die eine Schraube mathematisch korrekte Flächen aufweist, während diejenigen der anderen gewölbt waren.

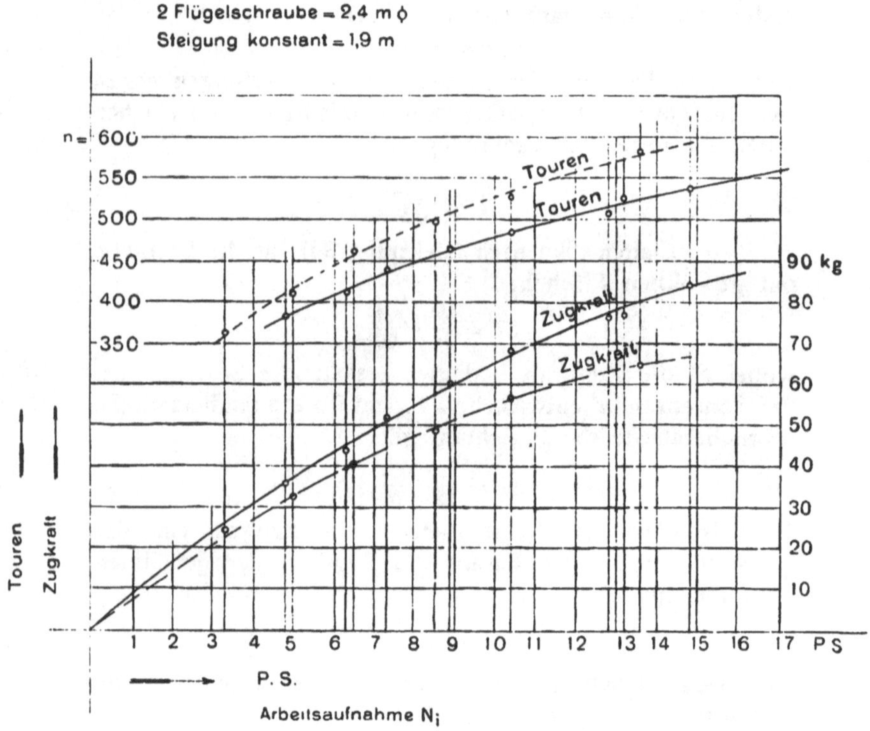


Fig. 26.

Auf der *x* Achse der Fig. 26 sind nun die Pferdestärken aufgetragen und auf der *y* Achse die bei diesen Pferdestärken gemessenen Zugkräfte und Tourenzahlen beider Schrauben.

Die zur Schraube mit gewölbten Flächen gehörigen Versuchskurven sind ausgezogen, die der anderen Schraube dagegen gestrichelt gezeichnet. Aus der Lage der Kurven geht deutlich die Richtigkeit des oben ausgesprochenen Satzes hervor.

In einer anderen Art läßt sich der Vorteil der Schrauben mit gewölbten Flächen in folgender Weise zur Anschauung bringen.

Denken wir uns nach Fig. 27 ein e b e n e s Flächenelement von der Breite β aus dem Schraubenflügel herausgeschnitten, so bestimmt sich nach dem Loessl'schen Gesetz unter den in Fig. 27 angedeuteten Verhältnissen der Normaldruck zu:

$$d\,Q = \frac{\gamma}{g}\,\beta\,d\,x\,v^2\,sin\,\alpha'$$

Denken wir uns nun dasselbe Flächenelement gewölbt, so liefert es unter denselben Umständen einen Normal-

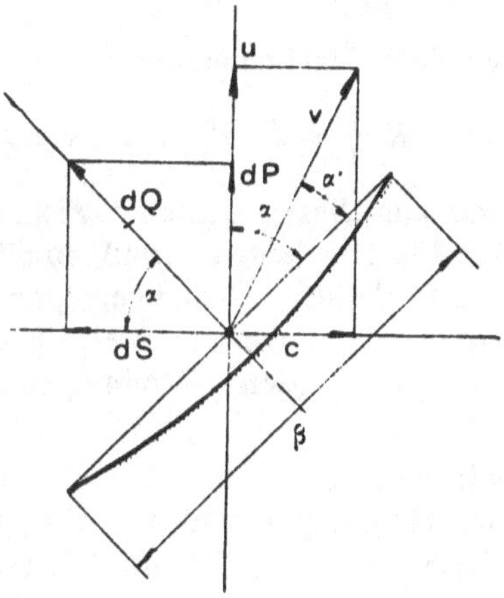


Fig. 27

druck, der nach dem vorausgehenden Kapitel um den Wölbungskoeffizienten *K* größer geworden ist. Bezeichnen wir diesen Normaldruck mit *dQ'*, so erhalten wir also dafür:

$$d\,Q' = K\,d\,Q$$

Für die Zugkraft des ebenen Flächenelementes erhalten wir nach Fig. 27

$$d\,S = d\,Q\,cos\,\alpha$$

und analog für diejenige des gewölbten Flächenelementes

$$d\,S' = d\,Q'\,cos\,\alpha$$

oder unter Beachtung der vorher gefundenen Beziehung zwischen *dQ* und *dQ'*

$$d\,S' = K\,d\,Q\,cos\,\alpha$$

Durch Division der für *dS* und *dS'* gefundenen Werte ergibt sich nun:

$$d\,S' = K\,d\,S \quad . \; . \; . \; . \quad 57)$$

Die Zugkraft des gewölbten Flächenelementes ist also gerade um den Wölbungskoeffizienten $K$ größer geworden. Im selben Maße wächst jedoch auch die Umfangskraft $dP$, so daß also die gewölbte Fläche, wie wir schon eingangs dieses Kapitels feststellten, um ebenso viel mehr Arbeit erfordert gegenüber der ebenen Fläche, als sie mehr Zugkraft entwickelt als diese.

Setzen wir jedoch in die oben für $dS$ und $dS'$ gefundenen Gleichungen für $dQ$ die aus dem Loessl'schen Gesetz sich ergebende Beziehung ein, so erhalten wir für das ebene Flächenelement:

$$d\,S = \frac{\gamma}{g}\,\beta\,d\,x\,v^2\,sin\,\alpha' \,.\, cos\,\alpha$$

und für das gewölbte Flächenelement:

$$d\,S' = K\,\frac{\gamma}{g}\,\beta\,d\,x\,v^2\,sin\,\alpha' \,.\, cos\,\alpha$$

und wir erkennen aus diesen beiden Gleichungen, daß die Zugkräfte beider Flächenelemente und somit auch die zu ihrer Erzeugung erforderlichen Arbeitsmengen offenbar dann gleich groß werden, wenn wir die Breite $\beta$ des gewölbten Flächenelementes durch den Wölbungskoeffizienten $K$ dividieren.

Nehmen wir also z. B. an, der Wölbungsgrad sei $\varphi = {}^1/_{25}$ und der Neigungswinkel $\alpha \sim 20^0$, so ergibt sich dafür aus der Kurve der Fig. 23 ein Wölbungskoeffizient $K = 2$, so daß also ein derartig gekrümmtes Flächenelement unter den Verhältnissen der Fig. 27 bereits bei der Breite

$$\beta' = \frac{\beta}{K} = \frac{\beta}{2} \quad . \; . \; . \; . \; . \; . \; . \quad 58)$$

unter dem gleichen Arbeitsaufwand und bei der gleichen Tourenzahl dieselbe Zugkraft zu entfalten vermag, wie das ebene Flächenelement von der doppelten Breite $\beta$.

Der Vorzug der gewölbten Schraubenflächen äußert sich also diesmal in einer Ersparung an Gewicht.

Was die Zugkraft der Schraube pro eingeleitete PS. oder den Effekt $\varepsilon$ beziehungsweise den Nutzeffekt oder Wirkungsgrad $\eta$ der Schrauben mit gewölbten Flächen betrifft, so geht aus den Kapiteln 3 und 4 des Abschnittes II hervor, daß die dort für reguläre Schraubenflächen über die Größen $\varepsilon$ und $\eta$ abgeleiteten Beziehungen auch für gewölbte Schrauben zu Recht bestehen.

3. **Die Fundamentalgleichung für Luftschrauben und ihr Vergleich mit der Wirklichkeit. Einfluß der Reibung. Abweichung der Luftwiderstandskraft von der Normalen.**

Eingangs des vorigen Kapitels wurde bereits der Nachweis erbracht, daß die im Kapitel 2, Abschnitt II abgeleitete Gleichung 36)

$$N_i = \frac{S}{75} \cdot \frac{\varkappa n}{60}$$

allgemeine Gültigkeit besitzt, gleichgültig, ob die Schraube im Marsch oder am Ort arbeitet und gleichgültig, ob sie normale oder gewölbte Flächen aufweist.

Ich möchte sie daher als die Fundamentalgleichung für Luftschrauben bezeichnen, und ihrem praktischen Werte entsprechend möge sie an dieser Stelle noch einmal ganz allgemein abgeleitet werden.

Fig. 27 stellt wieder einen im beliebigen Abstande $x$ von der Schraubenachse geführten Schnitt durch den Flügel dar. Die in der Figur eingetragenen Bezeichnungen sind von früher her bekannt. Wir erhalten dann für das unter dem Neigungswinkel $\alpha'$ mit der Geschwindigkeit $v$ durch die Luft gezogene Flächenelement, g a n z g l e i c h g ü l t i g, o b e s g e w ö l b t i s t o d e r n i c h t, i r g e n d e i n e n N o r m a l d r u c k $dQ$. Ist $\alpha$ der Steigungswinkel des Schraubenelementes, so erhalten wir für dessen Zugkraft den Wert

$$d\,S = d\,Q \cos \alpha$$

und für die zur Erzeugung dieser Zugkraft erforderliche Arbeit

$$d\,N_i = \frac{d\,P\,u}{75}$$

Nun ist

$$d\,P = d\,Q \sin \alpha$$

und die Umfangsgeschwindigkeit $u$ an dieser Stelle

$$u = \frac{2\,x\,\pi\,n}{60}$$

Setzen wir diese beiden Werte in obige Gleichung ein, so geht diese über in:

$$d\,N_i = \frac{d\,Q \sin \alpha}{75} \cdot \frac{2\,x\,\pi\,n}{60}$$

Dividieren wir diese Gleichung durch den vorher gefundenen Wert von $dS$, so ergibt sich:

$$\frac{d\,N_i}{d\,S} = tg\,\alpha\,\frac{2\,x\,\pi\,n}{60\,.\,75}$$

Nun war nach Gleichung 1) nach den Eigenschaften der Schraubenfläche

$$tg\,a = \frac{s}{2\,x\,\pi}$$

und nach Einführung dieser Beziehung erhalten wir für unsere Gleichung:

$$\frac{d\,N_i}{d\,S} = \frac{s\,n}{60\,.\,75}$$

oder

$$d\,N_i = d\,S\,\frac{s\,n}{60\,.\,75}$$

und die Integration dieser Differentialgleichung führt uns auf die Fundamentalgleichung 36)

$$N_i = \frac{S}{75} \cdot \frac{s\,n}{60}$$

Die nachfolgende Tabelle zeigt nun die Versuchsresultate einer sowohl am Ort als auch bei verschiedenen Marschgeschwindigkeiten und bei den verschiedensten Tourenzahlen erprobten Schraube mit gewölbten Flächen zum Vergleiche der Gleichung 36) mit der Wirklichkeit.

Die Steigung der Schraube betrug 4,3 m, die übrigen Dimensionen muß ich aus militärischen Gründen für mich behalten, sie tun auch für die Kontrolle der Gleichung 36) nichts zur Sache.

Die Versuche wurden auf der großen Kreislaufbahn der Siemens-Schuckert-Werke mit elektrischer Lokomotive ausgeführt. Der Antrieb der Schraube erfolgte ebenfalls elektrisch, die Messung der Zugkraft hydraulisch.

| Nr. | Marschgeschwindigkeit $c$ in m/sek. | Tourenzahl $n$ der Schraube | Zugkraft $S$ gemessen in kg | Arbeitsaufnahme $N_i$ gemessen in PS. | Arbeitsaufnahme $N_i$ berechnet nach Gl. 36) |
|---|---|---|---|---|---|
| 1 | 0 | 268 | 171 | 40,7 | 43,5 |
| 2 | 0 | 300 | 204 | 53,4 | 58,5 |
| 3 | 0 | 356 | 269 | 90 9 | 91,4 |
| 4 | 0 | 366 | 277 | 95,3 | 96,9 |
| 5 | 10 | 253 | 134 | 32,8 | 32,5 |
| 6 | 9,9 | 300 | 175 | 48,3 | 50,1 |
| 7 | 11,8 | 262 | 106 | 26,6 | 26,5 |
| 8 | 12,4 | 310 | 174 | 49,3 | 51,5 |
| 9 | 12,5 | 375 | 268 | 90,6 | 96 |
| 10 | 13,2 | 350 | 209 | 66,6 | 70 |
| 11 | 13,4 | 371 | 250 | 87,2 | 88,5 |
| 12 | 13,3 | 394 | 290 | 108 | 109 |
| 13 | 13,5 | 353 | 207 | 71,9 | 70 |

Aus dem Vergleiche der beiden letzten Rubriken der vorstehenden Tabelle ist zu ersehen, daß die Uebereinstimmung der Fundamentalgleichung 36) mit der Wirklichkeit wenig zu wünschen übrig läßt.

Auffällig ist der Umstand, daß der nach Gleichung 36) errechnete Arbeitsbedarf mit wenigen Ausnahmen stets etwas größer ausfällt als der tatsächlich gemessene, obwohl man das Gegenteil erwarten sollte, da ich die Reibungsverluste in meiner Arbeit nirgends berücksichtigt habe.

Dieser Umstand findet sofort seine Erklärung, wenn man die von Lilienthal entdeckten Abweichungen der Luftwiderstandskräfte von der Normalen bei gekrümmten Flächen, auf die ich im 1. Kapitel dieses Abschnittes bereits hingewiesen habe, etwas näher beachtet.

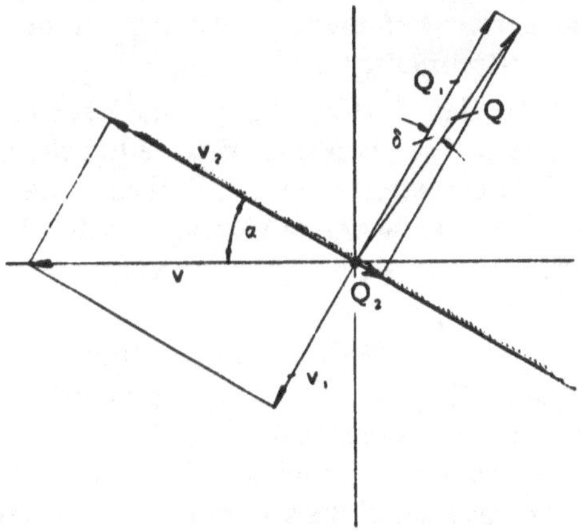


Fig. 28.

Die Vernachlässigung dieser Abweichungen der Luftwiderstandskräfte $dQ$ von der Normalen bei der Ableitung der Fundamentalgleichung 36) in diesem Kapitel ist nun die Ursache, daß Gleichung 36) für die Arbeitsaufnahme der Schraube etwas größere Werte liefert als die tatsächliche Messung ergab.

Zur Erklärung dieser Erscheinung müssen wir etwas näher auf diesen Punkt eingehen. Denken wir uns zunächst wieder eine ebene Fläche mit der Geschwindigkeit $v$ unter dem Neigungswinkel $\alpha$ durch die Luft gezogen, so können wir uns nach Fig. 28 die Geschwindigkeit $v$ in 2 Komponenten $v_1$ und $v_2$ zerlegt denken, von denen die eine senkrecht zur Fläche steht, während die andere mit derselben zusammenfällt. Offenbar vermag nur die Komponente $v_1$ eine Luftwiderstandskraft $Q_1$ erzeugen, die nicht anders als senkrecht auf der Fläche stehen kann. Wäre nun die Fläche unendlich dünn und vollkommen glatt, so wäre das Kräftebild hiermit zweifellos erledigt. Da dieser ideale Zustand jedoch nie vorliegen kann, so wird eine zweite Kraft $Q_2$ auftreten, hervorgerufen durch den Kantenwiderstand und die Reibung, welche die Fläche ihrer Bewegung in Richtung der Geschwindigkeitskomponente $v_1$, entgegensetzt. Stellt man nun durch geeignete Meßvorrichtungen Größe und Richtung der auftretenden Luftwiderstandskraft fest, so ergibt sich nach Fig. 28 eine Kraft $Q$, welche gegen die Normale um den Winkel $\delta$ nach rückwärts geneigt ist, also der Bewegungsrichtung entgegen.

Dieser Winkel $\delta$ wird um so kleiner sein, je dünner die Fläche, je mehr ihre Kanten zugeschärft und je glatter ihre Oberfläche ist. Auf diesen Umstand ist bei der Ausführung von Luftschrauben zu achten.

Am Schlusse des 1. Kapitels dieses Abschnittes habe ich bereits darauf hingewiesen, daß lediglich diese Reibungs- und Kantenwiderstände die Ursache der geringen Abweichung der Luftwiderstandskräfte von der mathematischen Sinuslinie darstellen, und ich verweise daher noch einmal auf dieses Kapitel zurück.

Lilienthal hat nun Größe und Richtung dieser Luftwiderstandskräfte für ebene Flächen gemessen, und das Resultat ist in der dem Lilienthal'schen Werke entnommenen Fig. 29 zur Anschauung gebracht. Die ebene Fläche $a\ b$ wird mit der Geschwindigkeit $v$ unter den verschiedenen Neigungswinkeln $\alpha$ von $0^0$ $3^0$ $6^0$ $9^0$ usw. durch die Luft bewegt. Nach oben sind nun für jeden dieser Neigungswinkel die zugehörigen Luftwiderstandskräfte $Q$ aufgetragen. Für den Neigungswinkel $0^0$ fällt sie mit der Fläche zusammen, für den Winkel $\alpha = 90^0$ steht sie genau senkrecht zur Fläche, um mit abnehmendem Neigungswinkel mehr und mehr von der Normalen zurückzuweichen.

Sehr interessant gestalten sich nun diese Abweichungen von der Normalen bei gewölbten Flächen. In den Fig. 30 und 31 sind die Luftwiderstandskräfte wiederum nach Größe und Richtung aufgetragen für die Neigungswinkel von 0 bis $90^0$, wie sie Lilienthal durch seine wundervollen Versuche ermittelt hat. Die Wölbungsgrade waren $^1/_{40}$ bezw. $^1/_{25}$ und sind auf den zugehörigen Figuren, die ebenfalls dem Lilienthal'schen Werke entstammen, vermerkt.

Zunächst fällt auf, daß für den Neigungswinkel $0^0$ die Luftwiderstandskraft nicht mehr, wie bei der ebenen Fläche, mit der Fläche zusammenfällt, sondern ausgesprochen nach oben gerichtet ist. Mit wachsendem Neigungswinkel nähert sich die Richtung der Kräfte mehr und mehr der Normalen, bis sie bei 12° Neigung nach Fig. 30 und bereits bei *c* 10° Neigung nach Fig. 31 genau senkrecht zur Sehne des Wölbungsbogens steht. Bei weiterem Anwachsen

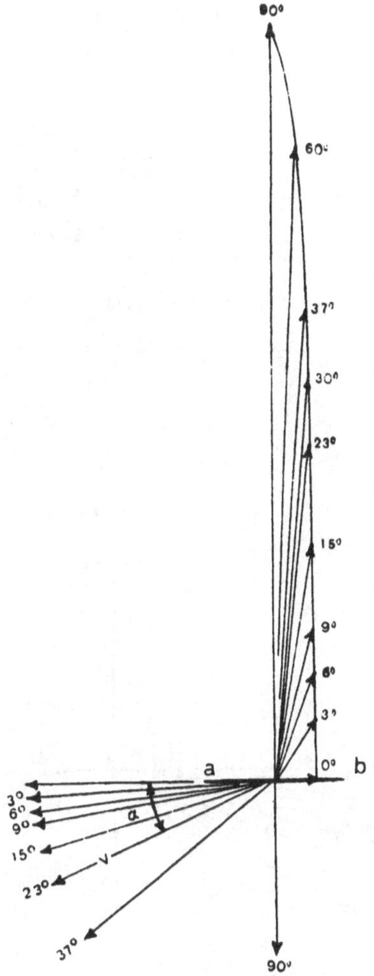


Fig. 29.

der Winkel tritt nun die hochinteressante und überraschende Erscheinung ein, daß die Luftwiderstandskräfte etwas nach vorn geneigt sind gegenüber der Normalen. Diese Vorderneigung ist um so energischer, je stärker der Wölbungsgrad wird und erreicht unabhängig von der Wölbung bei $c$. $20^0$ ein Maximum. Von hier ab nimmt der kleine Neigungswinkel der Luftwiderstandskraft mit der Normalen wieder ab, bis die Kraft bei $30^0$ bezw. $40^0$ die Senkrechte zum zweitenmal erreicht, um sich von da ab wieder nach

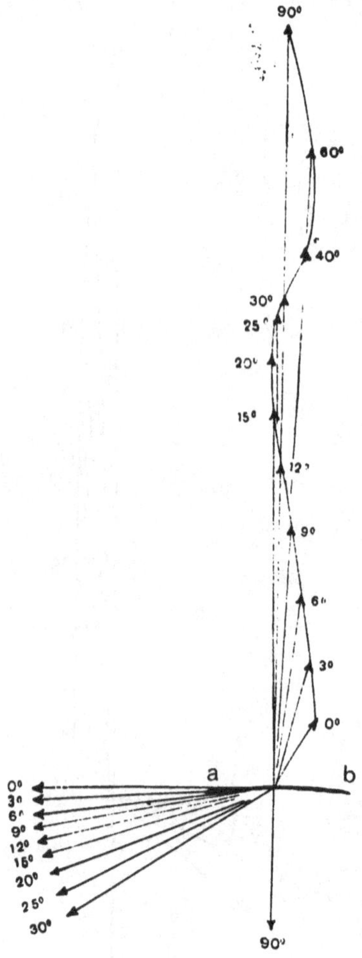


Fig. 30.

rückwärts zu verlegen und schließlich bei $90^0$ zum dritten Male die senkrechte Lage einzunehmen.

Da nun die Reibungswiderstände selbstverständlich mitgemessen werden mußten und daher in den Versuchsresultaten enthalten sind, so geht daraus hervor, daß bei vollkommen glatten Flächen sämtliche Luftwiderstandskräfte noch stärker nach vorn geneigt wären, so daß also die in den Fig. vor der Normalen liegenden Kräfte in ihrer Richtung etwas mehr, die hinter der Normalen liegenden Kräfte dagegen etwas weniger von derselben abweichen würden, als es unter dem Einflusse der nach rückwärts gerichteten Reibungskräfte tatsächlich der Fall ist.

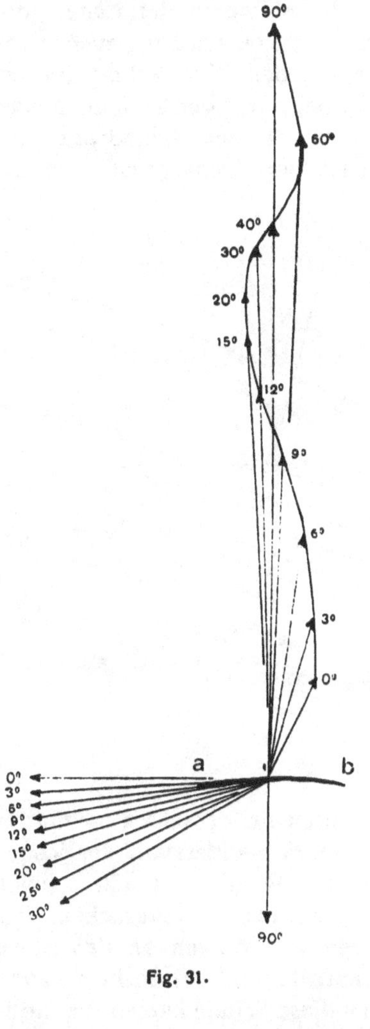


Fig. 31.

Diese epochemachenden Resultate Lilienthals lösten auch endlich das Geheimnis des Vogelfluges, denn nur auf diese Weise ist es zu erklären, wie die Möwen im stürmischen Wind auf ihren parabolisch gewölbten Schwingen nicht nur regungslos im Winde stehen, sondern selbst langsam, ohne jeden Flügelschlag dagegen aufzurücken vermögen.

Der stets kräftig von der See her gegen die Küste wehende Wind nimmt schon weit vom Strande entfernt einen nach aufwärts geneigten Weg, um das mehr oder weniger steile Hindernis zu umgehen. Die Luftströmung bietet also ungefähr das Bild der Fig. 32. Ist diese Luftströmung zwischen *c* 12° und 35° gegen die Horizontale geneigt, so ist die Möwe in der Lage, vermöge ihrer mit einem Wölbungsgrad von etwa $^1/_{15}$ ausgestatteten Schwingen stundenlang ohne jeden Flügelschlag im schärfsten Winde zu stehen, bezw. bei günstigen Neigungswinkeln gegen denselben anzufahren, da der Winddruck auf die gewölbte Fläche etwas nach vorn geneigt ist. Die wenn auch kleine

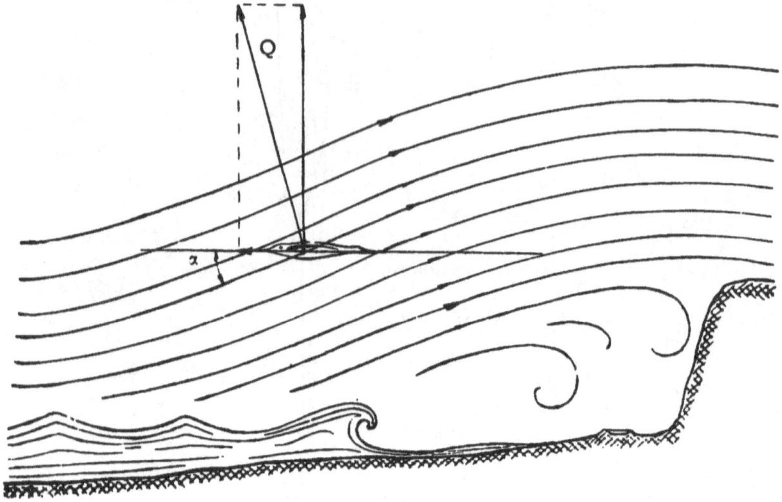


Fig. 32.

horizontale Komponente desselben genügt bei dem außerordentlich geringen Fahrwiderstand des Vogelkörpers, diesen gegen den kräftigen Wind am Platze schwebend zu halten, bezw. gegen denselben vorzudrücken. Ich schätze den Wind, gegen den die Möwen an den steilen Küsten von Sylt langsam aufzufahren vermochten, auf 16÷18 m per Sekunde. Gegen diese Winde kamen die Möwen mit *c*. 3 m-Geschwindigkeit per Sekunde auf, ohne Flügelschlag, so daß der Gesamtluftwiderstand auf den Möwenkörper einer Luftgeschwindigkeit von etwa 18 + 3 = 21 m per Sekunde entspricht, oder mit anderen Worten, jene kleine horizontale Komponente, die durch die Vorderneigung der Luftwiderstandskraft erzeugt wird, wäre in der Lage, den

Vogel in ruhender Luft mit einer Eigengeschwindigkeit von $c$ 20 m per Sekunde durch die Luft zu ziehen.

Wenden wir uns nach dieser kleinen Abschweifung wieder zurück zu dem Einflusse, den die Vernachlässigung der eben besprochenen Abweichungen der Luftwiderstandskräfte von der Normalen auf die Resultate der Gleichung 36) ausübt.

Für das Flächenelement der Schraube in Fig. 33 bedeute $dS$ den tatsächlich auf dem Versuchsstande gemessenen Teil der Zugkraft. Diese in Wirklichkeit gemessene Zugkraft wurde in Gleichung 36) eingeführt. Auf Grund der Ableitung der Gleichung, wonach die Luftwiderstandskraft

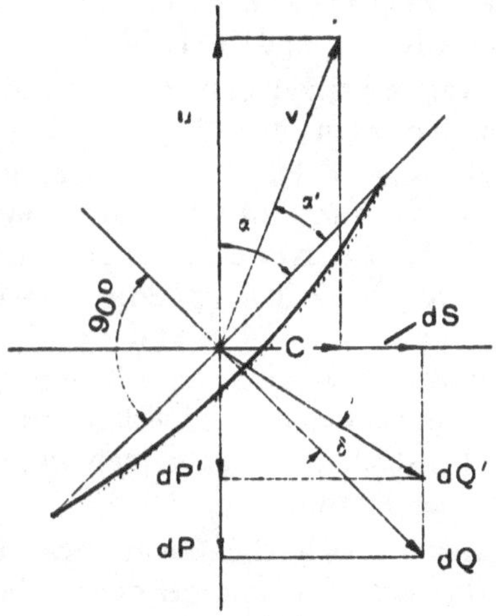


Fig. 33.

normal zur Sehne des Flächenelementes gerichtet vorausgesetzt wurde, ergibt sich aus dem Parallelogramm der Kräfte die Größe der Normalkraft $dQ$ und die Größe der Umfangskraft $dP$. Mit der letzteren ist auch die zur Erzeugung der Zugkraft $dS$ erforderliche Arbeit bekannt.

Nun ist jedoch nach Lilienthal für einen Wölbungsgrad $\varphi = {}^1/_{40}$ nach Fig. 29 für Neigungswinkel zwischen 12° und 30° die Richtung der Luftwiderstandskraft um einen kleinen Winkel $\delta$ zur Normalen nach vorn geneigt. Nun beträgt der Wölbungsgrad der vorliegenden Versuchsschraube ziemlich genau ${}^1/_{40}$, während die Neigungswinkel $\alpha'$ der Flächenelemente bei den in der Tabelle angegebenen Marschgeschwindigkeiten und Tourenzahlen sich stets in den Grenzen zwischen 12 und 30° bewegen. Selbst wenn die Schraube am Ort arbeitet und die vollen Steigungswinkel $\alpha$ als Neigungswinkel für die Flächenelemente in Betracht kommen, liegt der größte und wirksamste Teil der Schraube unter Steigungswinkeln zwischen den genannten Grenzen. Für sämtliche Versuche kommt also eine etwas nach vorn gerichtete Luftwiderstandskraft in Betracht, die offenbar nach Fig. 33 gleich $dQ'$ sein muß. Dazu gehört jedoch eine Umfangskraft $dP'$, die etwas kleiner ausfallen muß, als die sich nach Gleichung 36) ergebende Umfangskraft $dP$, die unter Voraussetzung einer senkrecht zur Wölbungssehne stehenden Luftwiderstandskraft $dQ$ entstanden ist, und deshalb liefert die Fundamentalgleichung 36) auch einen etwas größeren Wert für die einzuleitende Arbeit als tatsächlich erforderlich ist.

Da die Abweichungswinkel $\delta$ der Luftwiderstandskräfte von der Normalen nach den Fig. 30 und 31 von den Neigungswinkeln $\alpha = 8^0$ bis $\alpha = 90^0$ sehr gering sind, so war die Vernachlässigung dieser Abweichungen gerechtfertigt, zumal dieselbe die Sicherheit bietet, daß die nach Gleichung 36) errechnete PS.-Zahl etwas größer als notwendig wird. Für kleinere Winkel als $8^0$ werden die Abweichungen von der Normalen allerdings schon erheblicher, derartig geringe Neigungen sind jedoch im allgemeinen bei Luftschrauben selten mehr zu erwarten.

Anders gestaltet sich die Sache bei Schrauben mit mathematisch korrekten Flächen, bei denen ein Schnitt durch den Flügel (Fig. 34) bei der geringen Breite der Flügel gegenüber ihrem Radius nicht mehr von einer geraden Linie zu unterscheiden ist.

Denken wir uns nach dem Loessl'schen Sinus-Gesetz die Luftwiderstandskraft $dQ$ für das Flächenelement in Fig. 34 berechnet, so steht diese Kraft senkrecht auf der Fläche, und ihre Komponenten $dS$ und $dP$ liefern uns Zugkraft und Umfangskraft, und mit der letzteren auch den Arbeitsbedarf des Flächenelementes. Unter Berücksichtigung des in Wirklichkeit auftretenden, in der Figur mit $dR$ bezeichneten Reibungswiderstandes jedoch entsteht die tatsächliche Luftwiderstandskraft $dQ'$, und aus ihren Komponenten $dS'$ und $dP'$ ist zu ersehen, daß wir bei größerem Arbeitsaufwand eine geringere Zugkraft erhalten als uns die Rechnung angibt.

Bei Schrauben mit mathematisch korrekten Flächen müßten wir demnach beim Entwurf den Einfluß der Reibung im Auge behalten. Nun wird man aber in der Praxis nur Schrauben mit gewölbten Flächen verwenden, auf Grund der ausgesprochenen Vorteile, die sie den normalen Schraubenflächen gegenüber bieten.

In der Tat dienen die in dieser Arbeit aufgestellten Formeln für normale Schraubenflächen nur als rechnerische Hilfsmittel zum Entwurf der Schrauben mit gewölbten Flächen. Bei diesen aber haben wir gesehen, daß wir infolge der Vernachlässigung der kleinen Vorderneigung der Luftwiderstandskräfte gegenüber der Normalen sogar mit

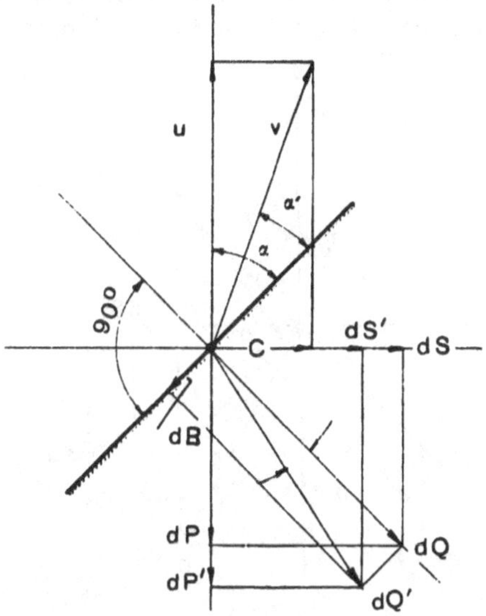


Fig. 34.

einem Sicherheitsgrad rechnen, dessen Größe uns nach der Tabelle zur Kontrolle der Gleichung 36) ungefähr bekannt ist.

Nun ist aber noch zu beachten, daß, wie bereits in diesem Kapitel bemerkt, der Reibungswiderstand in Richtung und Größe der Luftwiderstandskräfte bei den Lilienthal'schen Fig. 30 und 31 bereits zum Ausdruck gelangt, und daß derselbe somit infolge der Vernachlässigung der Vorderneigung der Luftwiderstandskräfte bei der Ableitung der Fundamentalgleichung 36) nicht nur berücksichtigt, sondern sogar in verstärktem Maße darin enthalten ist.

Um dies anschaulicher werden zu lassen, will ich zunächst an einem einzelnen Flächenelement zeigen, wie die

Berechnung einer Schraube mit gewölbter Fläche vor sich gehen soll.

Für das in Fig. 35 skizzierte ebene Flächenelement berechne sich nach dem Loessl'schen Sinusgesetz die Luftwiderstandskraft zu $dQ$. Da dieses Gesetz die Reibung unberücksichtigt läßt, so muß diese Kraft senkrecht auf der Fläche stehen und ihre Komponenten $dS$ und $dP$ geben uns Zugkraft und Arbeitsbedarf des Flächenelementes an, wenn es vollkommen glatt und unendlich dünn wäre. In Betrieb genommen würde also dieses ebene Flächenelement der Schraube, wie wir schon vorher festgestellt haben, unter dem Einflusse der Reibung und des Kantenwiderstandes

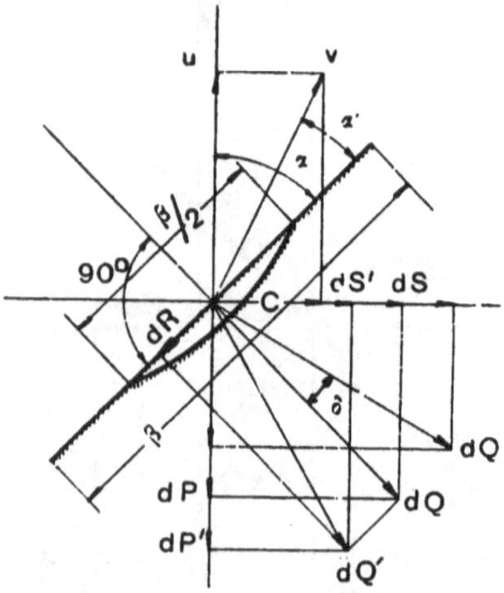


Fig. 35.

einen größeren Arbeitsbedarf bei kleinerer Zugkraft erfordern, als das Sinusgesetz angibt, wie aus den Komponenten $dS'$ und $dP'$ der nun unter dem Einflusse der Reibungskraft $dR$ entstandenen Luftwiderstandskraft $dQ'$ hervorgeht.

Ebene Flächen werden wir nun aber bei einer Luftschraube niemals zur Anwendung bringen, sondern wir werden dieselben in rationeller Weise so zu wölben suchen, daß die Breite $\beta$ der ebenen Fläche auf ein Minimum reduziert werden kann.

Nehmen wir z. B. an, der Wölbungskoeffizient betrage für den Wölbungsgrad und die Neigung des Flächenelementes in Fig. 35 gerade $K = 2$, das heißt also, daß nach den Ausführungen im vorausgehenden Kapitel, unser gekrümmtes Flächenelement bei der Breite $\beta/_2$ dieselbe

Luftwiderstandskraft *dQ* aufweist, wie das ebene Flächenelement mit der doppelten Breite β unter den gleichen Verhältnissen, so ergibt sich rechnungsgemäß für das gewölbte Flächenelement auch dieselbe Zugkraft und dieselbe Umfangskraft *dS* und *dP*, wie wir diese für das ebene Flächenelement unter Vernachlässigung der Reibung ermittelt haben (s. Gleichung 58).

Nun gibt der Wölbungskoeffizient diejenige Zahl an, um welche die tatsächlich gemessene Luftwiderstandskraft einer gewölbten Fläche größer ist, als die nach dem Sinusgesetz unter Vernachlässigung der Reibung berechnete Luftwiderstandskraft einer ebenen Fläche von denselben Dimensionen unter

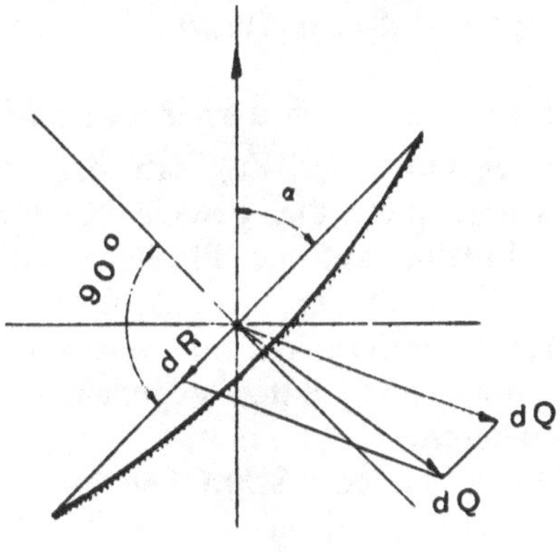


Fig. 36.

den gleichen Verhältnissen. Es stellt somit in Fig. 35 *dQ* für das gewölbte Flächenelement von der Breite $\beta/_2$ die wirkliche absolute Größe des Luftwiderstandes dar, während die gleiche Kraft *dQ* für das ebene Flächenelement von der doppelten Breite β nur unter Vernachlässigung der Reibung gilt.

Ferner ist uns bekannt, daß für die in der Praxis auftretenden Lufteinfallswinkel $\alpha'$ bei den gewölbten Flächen die Luftwiderstandskräfte um einen kleinen Winkel δ zur Normalen nach vorn geneigt sind, so daß wir in Wirklichkeit nach Fig. 35 eine größere Zugkraft bei kleinerem Arbeitsaufwand erhalten, als die Rechnung nach Gleichung 36) angibt, die jene Vorderneigung vernachlässigt. Diese unter dem Einflusse der Reibung von Lilienthal gemessenen Vorderneigungen wären also für vollkommen glatte Flächen, wie schon früher in diesem Kapitel bemerkt, offenbar noch größer, indem dieselben nach Fig. 36 von $\delta$ auf $\delta'$ anwachsen müßten, da die gemessene Luftwiderstandskraft $dQ$ nur aus den in der Figur eingezeichneten Kompenenten $dR$ und $dQ'$ entstanden sein kann, welche in $dR$ den Reibungswiderstand und in $dQ'$ die Luftwiderstandskraft für vollkommen glatte Flächen andeuten sollen.

Diese letztere Kraft liefert naturgemäß ein günstigeres Verhältnis zwischen Zugkraft und Arbeitsaufwand, als es in Wirklichkeit besteht. Da die Anwendung der Gleichung 36) jedoch mit Sicherheit ein etwas ungünstigeres Verhältnis zwischen den genannten Größen erwarten läßt, als es in Wirklichkeit auftritt, so ist in derselben auf Grund der Vernachlässigung der kleinen Vorderneigung $\delta$ der schädliche Einfluß der Reibung nicht nur berücksichtigt, sondern es ist damit sogar noch ein übriges getan.

### 4. Berechnung der Zugkraft.

Für die Berechnung der Zugkraft bei Schrauben mit gewölbten Flächen spielt die genaue Kenntnis der Einfallswinkel der Luft $\alpha'$ auf die Flächenelemente eine bedeutsame Rolle. Es ist daher zunächst notwendig, daß wir den Verlauf der Einfallswinkel mit wachsendem Abstand von der Schraubenachse unter gegebenen Verhältnissen etwas näher studieren.

Für am Ort arbeitende Schrauben ist dieser Verlauf ohne weiteres bekannt, da in diesem Falle die Lufteinfallswinkel $\alpha'$ mit den Steigungswinkeln der Schraube identisch sind. Für Schrauben im Marsch dagegen sind diese Winkel, außer ihrem Abstand von der Schraubenachse, noch beeinflußt von der Marschgeschwindigkeit und Tourenzahl der Schraube. In Kapitel 1 des Abschnittes II wurde der Zusammenhang dieser Größen bereits in der Gleichung 29) festgelegt.

Da diese Gleichung jedoch für die mathematische Diskussion sehr unbequem wird, ist es zweckmäßiger, wenn wir die Funktion der Winkel $\alpha'$ noch auf eine andere Art ableiten.

Nach Fig. 37 ist

$$tg\,\alpha'' = \frac{c}{u} = \frac{c}{\frac{2\,x\,\pi\,n}{60}} = \frac{30\,c}{x\,\pi\,n}$$

ferner ist nach Gleichung 1)

$$tg\,\alpha = \frac{s}{2\,x\,\pi}$$

oder

$$\alpha = arc\ tg\ \frac{s}{2\,x\,\pi}$$

und

$$\alpha'' = arc\ tg\ \frac{30\,c}{x\,\pi\,n}$$

Subtrahieren wir die beiden letzten Gleichungen voneinander, so ergibt sich nach Fig. die Funktion des gesuchten Lufteinfallswinkels $\alpha'$ des gegebenen Flächenelementes zu:

$$\alpha' = arc\ tg\ \frac{s}{2\,x\,\pi} - arc\ tg\ \frac{30\,c}{x\,\pi\,n}$$

Für die Differenz zweier Arcus-Tangenten läßt sich auch schreiben:

$$\alpha' = arc\ tg\ \frac{\frac{s}{2\,x\,\pi} - \frac{30\,c}{x\,\pi\,n}}{1 + \frac{30\,c\,s}{2\,x^2\,\pi^2\,n}}$$

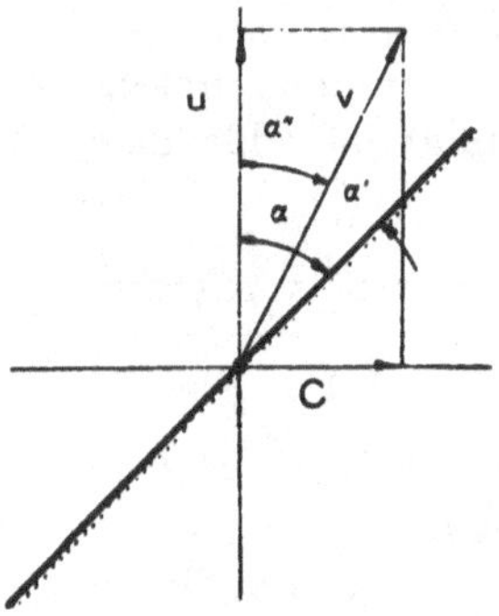


Fig. 37.

und dafür erhalten wir schließlich nach einer kleinen Umformung:

$$\alpha' = arc\ tg\ \frac{x\,\pi\,(s\,n - 60\,c)}{2\,x^2\,\pi^2\,n + 30\,s\,c} \quad . \quad . \quad . \quad . \quad 59)$$

Für die Tangente des Einfallswinkels wird dann:

$$tg\,\alpha' = \frac{x\,\pi\,(s\,n - 60\,c)}{2\,x^2\,\pi^2\,n + 30\,s\,c} \quad . \quad . \quad . \quad . \quad . \quad . \quad 60)$$

Setzen wir in Gleichung 60) die Marschgeschwindigkeit $c = 0$, so geht dieselbe über in die Gleichung 1), d. h. die Einfallswinkel $\alpha'$ sind mit den Steigungswinkeln identisch:

$$tg\ \alpha'\ (c = 0) = \frac{s}{2\,x\,\pi} = tg\ \alpha$$

Setzen wir dagegen für $c$ die ideelle Marschgeschwindigkeit

$$c = \frac{s\,n}{60}$$

in die Gleichung 60) ein, so wird daraus:

$$tg\,\alpha' = 0$$

oder in Worten: Für die ideelle Marschgeschwindigkeit

$$c = \frac{s\,n}{60}$$

verschwinden gleichzeitig sämtliche Einfallswinkel $\alpha'$, wie uns dies von früher her auch bereits bekannt ist.

Ferner geht Gleichung 60) für $x = 0$ und für $x = \infty$ ebenfalls über in die Form

$$tg\,\alpha' = 0$$

eine Eigenschaft der Einfallswinkel, die wir ebenfalls von früher her aus dem in Fig. 11 dargestellten Verlauf der Winkel $\alpha'$ für einen besonderen Fall kennen gelernt haben. In dem Verlauf dieser Kurve in Fig. 11 ist uns außerdem nur noch ein Punkt interessant, und zwar das Maximum der Winkel $\alpha'$.

Die Lage des Maximums liefert uns der Differentialquotient der Gleichung 59), für den wir erhalten:

$$\frac{d\,\alpha'}{d\,x} = \frac{2\,\pi^2\,n - \dfrac{30\,s\,c}{x^2}}{1 + \left(\dfrac{\pi\,(s\,n - 60\,c)}{2\,x\,\pi^2\,n + \dfrac{30\,s\,c}{x}}\right)^2}$$

nachdem wir vorher in Gleichung 59) Zähler und Nenner mit $x$ dividiert haben.

Nach einigen Umformungen geht der Differentialquotient über in:

$$\frac{d\,\alpha'}{d\,x} = \frac{(2\,x^2\,\pi^2\,n - 30\,s\,c)\,(2\,x^2\,\pi^2\,n + 30\,s\,c)^2}{x^2\,(2\,x^2\,\pi^2\,n + 30\,s\,c)^2 + x^4\,\pi^2\,(s\,n - 60\,c)^2} \quad . \quad 61)$$

Wird in dieser Gleichung

$$2\,x^2\,\pi^2\,n = 30\,s\,c \quad . \; . \; . \; . \; . \; . \; . \; . \quad 62)$$

so verschwindet der erste Faktor des Zählers und damit der ganze Differentialquotient.

Aus Gleichung 62) berechnet sich daher die Lage des Maximums zu

$$x = \sqrt{\frac{15\,s\,c}{\pi^2 n}} \quad . \; . \quad 63)$$

Damit sind uns alle Eigenschaften über den Verlauf der Einfallswinkel $\alpha'$ bekannt.

Da die Gleichung 59) jedoch zu kompliziert erscheint, um aus ihrer Betrachtung den Einfluß der verschiedenen Größen übersehen zu können, sind in Fig. 38) die Kurven der Einfallswinkel für einen besonderen Fall, nämlich für

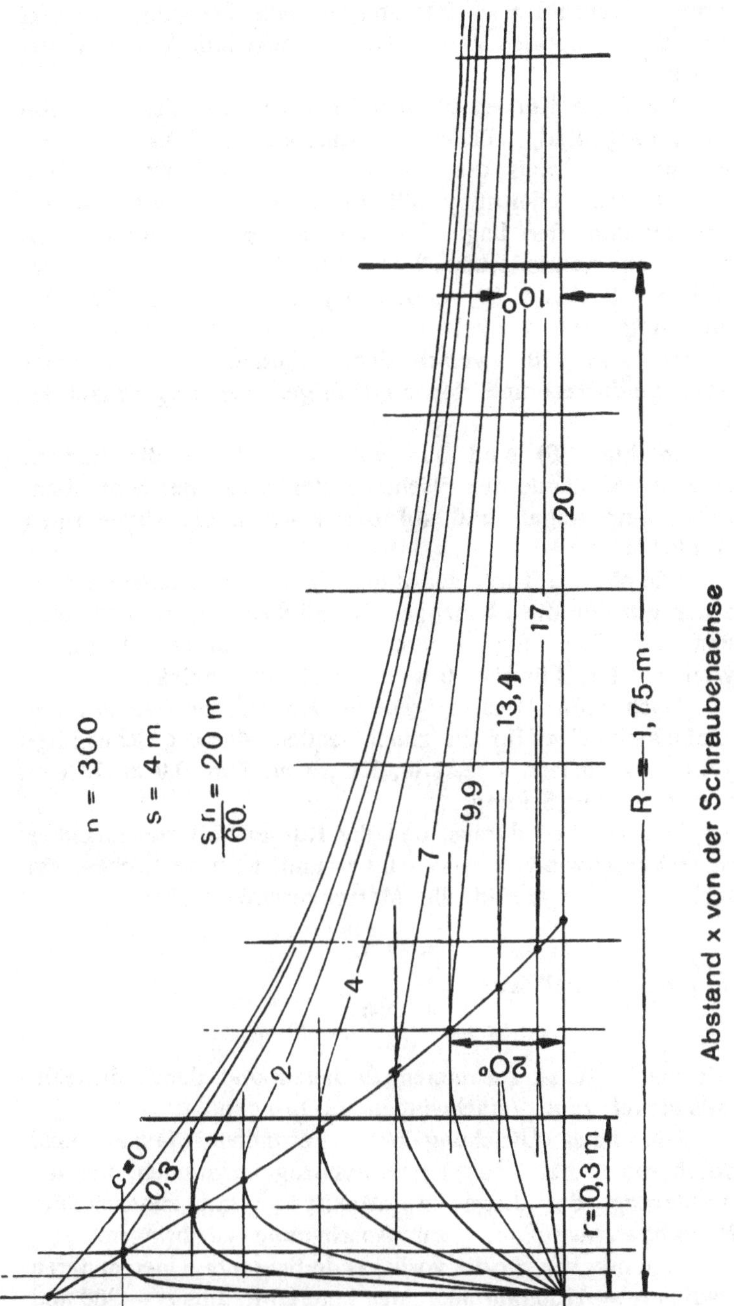

n = 300
s = 4 m
$\frac{s\,n}{60} = 20$ m
c=0
0,3
1
2
4
7
9.9
13,4
17
20
10°
20°
90°
r=0,3 m
R = 1,75 m
Einfallswinkel α' in Graden
Abstand x von der Schraubenachse


Fig. 38.

eine Tourenzahl $n = 300$ und für eine Steigung $s = 4$ m bei den verschiedensten Marschgeschwindigkeiten aufgezeichnet.

Da diese Kurven für den Entwurf einer Schraube von Bedeutung sind, möchte ich bemerken, daß es bequemer ist, in der Praxis die Winkel $\alpha'$ graphisch zu ermitteln, als sie nach Gleichung 59) zu berechnen. Lediglich zur Bestimmung der Lage des Maximalwinkels empfiehlt es sich, den rechnerischen Weg unter Verwendung der einfachen Gleichung 63) einzuschlagen. Die graphische Ermittelung des Winkels $\alpha'$ erfolgt einfach nach Fig. 37, indem man für verschiedene Radien die Umfangsgeschwindigkeit und den zugehörigen Steigungswinkel ermittelt.

In Fig. 38) sind nun auf der $x$ Achse die Radien, also die Abstände der Flächenelemente von der Schraubenachse aufgetragen und auf der $y$ Achse die zugehörigen Winkel $\alpha'$.

Die oberste Kurve der in der Figur gezeichneten Kurvenschar gilt für die Marschgeschwindigkeit $c = 0$, stellt also den nach Gleichung 1) berechneten Verlauf der Steigungswinkel $\alpha$ dar. Für $x = 0$ wird der Steigungswinkel $90^0$.

Nach abwärts zu zeigen die Kurven den Verlauf der Einfallswinkel $\alpha'$ für die zunehmenden Marschgeschwindigkeiten $c = 0{,}3$ m, 1 m, 2 m, 3 m, 4 m, 7 m, 9,9 m, 13,4 m und 17 m per Sekunde.

Wir ersehen daraus, daß die Kurven mit zunehmender Marschgeschwindigkeit sich mehr und mehr verflachen, um schließlich für die ideelle Marschgeschwindigkeit

$$c_i = \frac{s\,n}{60}$$

in unserem Fall also

$$c_i = \frac{4 \,.\, 300}{60} = 20 \text{ m}$$

mit der $x$ Achse zusammen zu fallen und damit die Einfallswinkel zum Verschwinden zu bringen.

Die nach Gleichung 63) berechneten Maxima sind durch einen geschlossenen Kurvenzug verbunden, um die Aenderung der Lage des Maximums mit zunehmender Marschgeschwindigkeit zur Anschauung zu bringen.

Nehmen wir für die vorliegende Schraube einen äußeren Radius $R = 1750$ mm und einen inneren Radius $r = 300$ mm an, so schneiden die bei $x = 300$ und $x = 1750$ mm gezogenen Senkrechten diejenigen Winkel $\alpha'$ aus den Kurven heraus, die für die Berechnung der Schraube in Betracht kommen. Aus diesen aber ersehen wir, daß für die in der Praxis zu erwartenden Marschgeschwindigkeiten der Unterschied zwischen den Einfallswinkeln so geringfügig wird, daß dieselben mit genügender Genauigkeit durch einen mittleren Neigungswinkel $\alpha'$ ersetzt werden können.

So bewegen sich z. B. in der Fig. 38 für die Marschgeschwindigkeit $c = 9{,}9$ m die Neigungswinkel zwischen den Grenzen von rund $10^0$ und $20^0$ innerhalb des benutzten Gebietes, das in der Figur durch die beiden Senkrechten bei $x = 300$ und bei $x = 1750$ mm begrenzt ist. Der mittlere Neigungswinkel würde sich dann ergeben zu

$$\frac{10 + 20}{2} = 15^0$$

und unter der Voraussetzung, daß die Schraube einen Wölbungsgrad $\varphi = {}^1/_{25}$ besitze, erhalten wir nach Fig. 23 für den mittleren Neigungswinkel von $15^0$ einen mittleren Wölbungskoeffizienten

$$K_m = 2{,}25.$$

Bezeichnen wir die Zugkraft der in allen Dimensionen als gegeben vorausgesetzten Schraube bei mathematisch korrekten Flächen, ferner bei der Tourenzahl $n = 300$ und der Marschgeschwindigkeit $c = 9{,}9$ m mit $S$, so wird die Zugkraft derselben Schraube unter denselben Verhältnissen, jedoch mit dem einzigen Unterschiede, daß ihre Flächen diesmal mit einem Wölbungsgrad $\varphi = {}^1/_{25}$ ausgestattet sind, nach den vorausgehenden Ueberlegungen und nach Gleichung 57) mit großer Annäherung offenbar $S' = 2{,}25\ S$ oder allgemein:

$$S' = K_m \,.\, S \quad . \quad . \quad . \quad . \quad . \quad . \quad . \quad . \quad 64)$$

Die Zugkraft $S$ der Schraube für mathematisch korrekte Flächen sind wir jedoch in der Lage, nach Gleichung 49) zu berechnen, so daß wir also hiermit in der Lage sind, auch die Zugkraft $S'$ derselben Schraube mit gewölbten Flächen zu bestimmen. Zunächst allerdings, wie schon bemerkt, mit Annäherung, und zwar, wie der Leser bereits gemerkt haben wird, deshalb, weil wir den mittleren Neigungswinkel $\alpha'_m$ als arithmetisches Mittel des größten und kleinsten der auftretenden Neigungswinkel sicher als etwas zu groß, und damit den mittleren Wölbungskoeffizienten als etwas zu klein angenommen haben.

Diese Annahme hat zur Folge, daß die Zugkraft der in der Nähe der Achse laufenden Flächenelemente, deren

Neigungswinkel die größeren sind, mit einem größeren Wölbungskoeffizienten multipliziert werden als ihnen gebührt, die Zugkräfte der in der Gegend des Umfanges laufenden Flächenteile dagegen, deren Neigungswinkel geringer sind, als das angenommene arithmetische Mittel, werden somit mit eniem Wölbungskoeffizienten versehen, der kleiner ist als ihnen zusteht, denn wir wissen, daß der Wölbungskoeffizient mit abnehmenden Winkeln ansteigt. Da nun die Zugkräfte der Flächenelemente mit wachsendem Abstand von der Schraubenachse immer größer werden, so wird Gleichung 64) für die gewölbten Flächen eine Zugkraft $S'$ ergeben, die etwas kleiner sein wird, als die tatsächlich auftretende.

Um den Unterschied zwischen der wirklich auftretenden Zugkraft und der nach Gleichung 64) berechneten beurteilen zu können, teilen wir uns den Schraubenflügel in eine Anzahl endlicher Flächenteile ein, und ermitteln nach der in Kapitel 5 des ersten Abschnittes angegebenen und in Fig. 3 veranschaulichten Art zunächst die Zugkraft $S$ der Schraube unter der Voraussetzung mathematisch korrekter Flächen.

In Fig. 3 ist die Zugkraft bestimmt für eine am Ort laufende Schraube, während hier eine im Marsch arbeitende vorliegt. Die Zugkraft $\triangle S$ eines Flächenteiles berechnet sich daher jetzt nach der Gleichung:

$$\triangle S = \frac{\gamma}{g} \triangle x \, \beta_x \, (x^2 w^2 + c^2) \sin \alpha' \cos \alpha \quad . \quad . \quad . \quad 65)$$

Darin haben

$$\triangle S, \triangle x \text{ und } \beta_x$$

die gleiche Bedeutung,
wie in Kapitel 5, Abschnitt I angegeben ist.

Denken wir uns nun die Zugkraft $S$ der ganzen Schraube in Fig. 39 durch die schraffiert angedeutete Fläche *a a e e* repräsentiert, und tragen wir uns zu jedem Abstand $x$ von der Schraubenachse für den uns nach Fig. 38 bekannten, zu diesem Abstand gehörigen Neigungswinkel $\alpha'$ den diesem Winkel für den Wölbungsgrad $\varphi = {}^1/_{25}$ zugeordneten Wölbungskoeffizienten $K$ auf, den wir aus Fig. 23 entnehmen, so erhalten wir die S-förmige Kurve *d d*.

Multiplizieren wir nun jede Ordinate der Linie *a a*, welche die Zugkraftsfläche unscrer Schraube für mathematisch normale Flächen begrenzt, mit dem zugehörigen Wölbungskoeffizienten $K$, so erhalten wir in der Fläche *b b e e* die wirklich auftretende Zugkraft derselben Schraube mit gewölbten Flächen.

Multiplizieren wir dagegen alle Ordinaten der Kurve *a a* mit dem in Fig. 39 ebenfalls eingetragenen mittleren Wölbungskoeffizienten $K_m = 2{,}25$ so ergibt sich in der Fläche *c c e e* die nach Gleichung 64) berechnete Zugkraft für die gewölbten Schraubenflächen. Es muß nun offenbar die Fläche *c c e e* etwas kleiner ausfallen, als die Fläche *b b e e*, so daß also die nach Gleichung 64) berechnete Zugkraft um die Differenz der schraffierten Flächenstücke geringer ist, als die wirklich auftretende. Man rechnet also

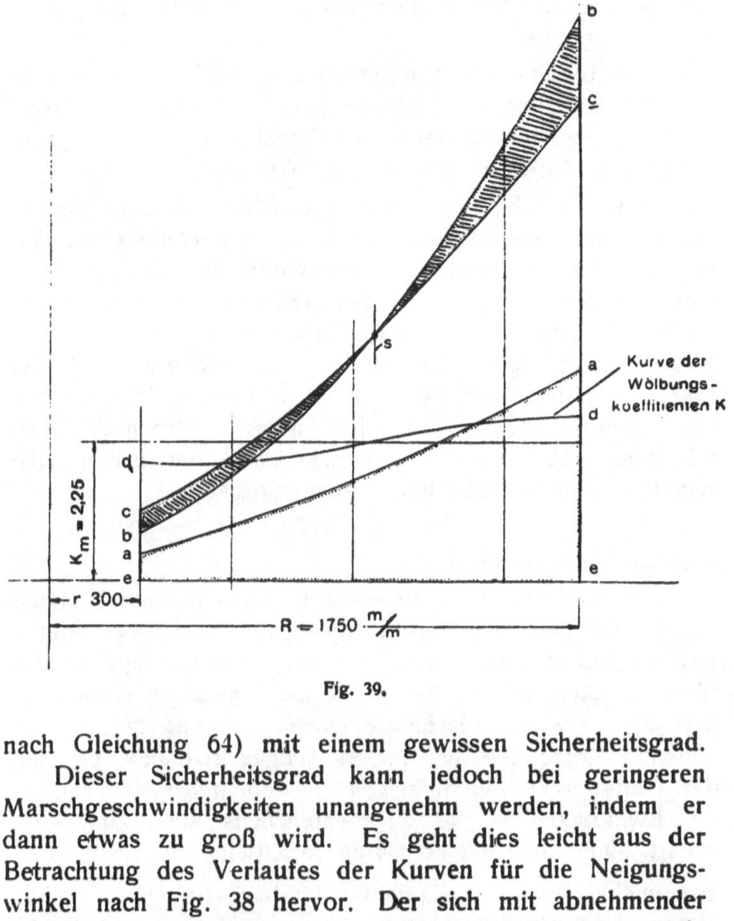


Fig. 39.

nach Gleichung 64) mit einem gewissen Sicherheitsgrad.

Dieser Sicherheitsgrad kann jedoch bei geringeren Marschgeschwindigkeiten unangenehm werden, indem er dann etwas zu groß wird. Es geht dies leicht aus der Betrachtung des Verlaufes der Kurven für die Neigungswinkel nach Fig. 38 hervor. Der sich mit abnehmender Marschgeschwindigkeit um so intensiver vordrängende Wendepunkt der $\alpha'$ Kurven, macht seinen Einfluß auch in der Kurve der Wölbungskoeffizienten in Fig. 39 geltend.

Es ist jedoch bei einiger Erfahrung leicht, den mittleren Neigungswinkel so abzuschätzen, daß die Kurve *c c* der

Fig. 39 etwas gehoben wird, indem man den mittleren Neigungswinkel etwas kleiner wählt, wodurch man einen größeren mittleren Wölbungskoeffizienten erreicht, der dann die Differenz zwischen den schraffierten Flächenstücken zum Verschwinden bringt.

Bei den in der Praxis notwendigen Marschgeschwindigkeiten verlaufen die $\alpha'$ Kurven jedoch schon so flach, daß eine solche Abschätzung nicht mehr notwendig wird, wenn sie aber gemacht wird, dann muß sie vorsichtig geschehen, da bei dem energischen Ansteigen der Wölbungskoeffizienten für die kleinen Neigungswinkel die Zugkraft sonst leicht überschätzt wird.

Je kleiner die Marschgeschwindigkeiten werden, je mehr also die Schraube zur Hubschraube wird, desto unsicherer wird die Berechnung der Zugkraft nach Gleichung 64) mit Hilfe des mittleren Wölbungskoeffizienten.

Diese Unsicherheit verrät sich sofort aus dem Verlauf der $\alpha'$ Kurve, die in jedem Falle zur Berechnung unerläßlich ist. Erkennt man aus demselben die Unmöglichkeit einer genauen Einschätzung des mittleren Neigungswinkels, so bleibt nichts anderes übrig, als die in Fig. 39 und in Kapitel 5 des Abschnittes I näher besprochene Methode der Flächeneinteilung zur Anwendung zu bringen. Sie ist freilich etwas mühsam, da für jeden Flächenteil nach Gleichung 65) der Steigungswinkel $\alpha$, der Lufteinfallswinkel $\alpha'$ und die absolute Geschwindigkeit

$$v = \sqrt{c^2 + x^2 w^2}$$

ermittelt werden muß.

Der Verlauf der letzteren mit zunehmendem Abstand von der Schraubenachse ist in Fig. 40, für unseren besonderen Fall vorgeführt. Die gerade Linie durch den Pol repräsentiert für jeden Abstand von der Achse die Umfangsgeschwindigkeit $u = x\,w$ des Flächenelementes, während die darüber liegende Kurve, die aus der Marschgeschwindigkeit $c$ und der Umfangsgeschwindigkeit $u$ zusammengesetzte absolute Geschwindigkeit $v$ des Flächenteilchens zur Darstellung bringt. Die Kurve der absoluten Geschwindigkeiten $v$ ergibt sich leicht als Hyperbel mit den Halbachsen $c$ und $\frac{c}{w}$ Aus Fig. 40 ist zu ersehen, daß die in der Nähe der Achse laufenden Flächenelemente durchaus nicht so langsam durch die Luft gezogen werden, wie man anzunehmen geneigt ist, wenn man nur die Umfangsgeschwindigkeiten derselben im Auge behält. Es ist dies wiederum ein Grund der dagegen spricht, die Arbeit der inneren Flächenelemente gering zu schätzen, oder sie überhaupt nicht zu beachten.

Die Berechnung der Zugkraft einer gewölbten Schraube gestaltet sich für die Praxis nun am einfachsten so, daß man nach Gleichung 49) zunächst für normale Schraubenflächen die Dimensionen so ermittelt, daß die gewünschte Zugkraft zur Verfügung steht. Hierauf entwirft man die Kurve der Einfallswinkel $\alpha'$ wie dies in Fig. 38 gezeigt ist, und reduziert nun auf Grund des dadurch festgestellten mittleren Wölbungs-Koeffizienten die Flügelbreite $\beta$ der

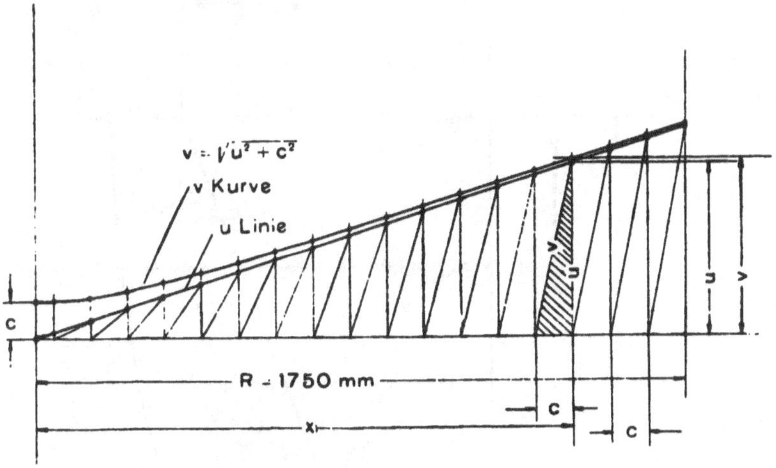


Fig. 40.

mathematisch korrekten Schraubenfläche nach Gleichung 58 auf

$$\beta' = \frac{\beta}{K_m} \quad . \; . \; . \; . \; . \; . \; . \; . \; . \; . \quad 66)$$

wobei $\beta'$ die Flügelbreite einer gewölbten Schraube bedeutet, die mit verminderter Flügelbreite bei der gleichen Arbeitsaufnahme die gleiche Zugkraft entwickelt, wie die vorher berechnete Schraube von denselben Dimensionen unter denselben Verhältnissen, also bei gleicher Tourenzahl und Marschgeschwindigkeit.

An einem praktischen Beispiel soll im IV. Abschnitt diese Berechnungsmethode näher ausgeführt werden.

### 5. Abnahme der Zugkraft mit zunehmender Marschgeschwindigkeit bei konstanter Tourenzahl.

Im Schlußkapitel des Abschnittes II wurde festgestellt, daß für Schrauben mit mathematisch korrekten Flächen mit wachsender Marschgeschwindigkeit bei gleichbleibender Tourenzahl die Zugkraft abnimmt nach einer Kurve, (S Kurve) die mit großer Genauigkeit durch eine gerade Linie ersetzt werden kann.

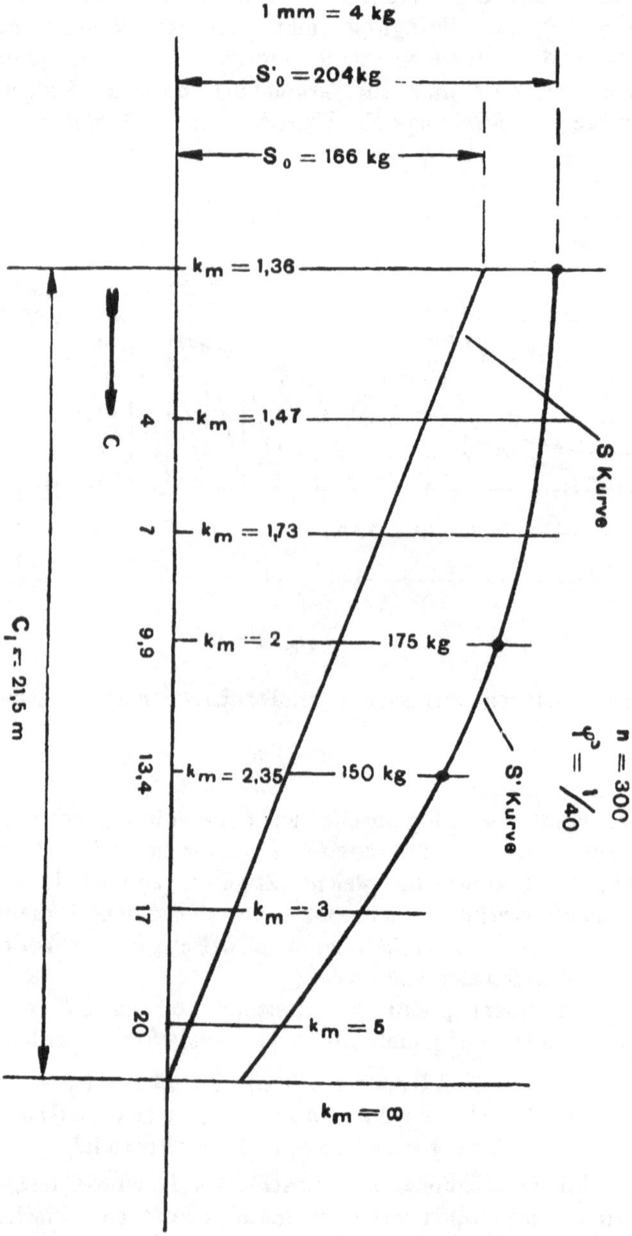


Fig. 41.

5 mm = 1 m

Zeichnen wir uns diese Gerade für eine gegebene Schraube auf, und ferner nach Figur 38 die Kurvenschaar der Winkel $\alpha'$, so können wir die Zugkraftskurve ($S'$ Kurve) derselben Schraube ermitteln, wenn ihre Flächen diesmal gewölbt entworfen sind. Wir brauchen nur für die größeren Marschgeschwindigkeiten die Zugkräfte $S'$ der gewölbten Schraube nach Gleichung 64) zu berechnen, und für die geringeren Marschgeschwindigkeiten nach der Methode der Zerlegung in einzelne Flächenteile zu ermitteln, diese Zugkräfte für die zugehörige Marschgeschwindigkeit aufzutragen und durch einen Kurvenzug zu verbinden. Da wir nun wissen, daß die Wölbungskoeffizienten mit abnehmenden Neigungswinkeln $\alpha'$ zunehmen, so können wir über den Verlauf der $S'$ Kurve schon voraussagen, daß auch der mittlere Wölbungskoeffizient $K_m$ mit abnehmenden Winkeln $\alpha'$, also mit wachsender Marschgeschwindigkeit dauernd zunehmen muß, daß also die Zugkraft der Schraube mit gewölbten Flächen um so größer wird, gegenüber derjenigen der Schraube mit normalen Flächen, je größer die Marschgeschwindigkeit wird.

Wir werden also für die $S'$ Kurve der Schraube mit gewölbten Flächen ein Bild erhalten, wie es Fig. 41 zeigt. Die darunter liegende Gerade stellt die $S$ Kurve derselben Schraube für mathematisch normale Flächen dar.

Wir sehen, daß die Schraube mit gewölbten Flächen auch für die ideelle Marschgeschwindigkeit

$$c_i = \frac{s\ n}{60}$$

noch eine Zugkraft liefert, da die gewölbten Flächen nach den Lilienthalschen Fig. 30 und 31 auch noch nach oben gerichtete Luftwiderstandskräfte zeigen, wenn sie unter dem Neigungswinkel von $0^0$ bewegt werden.

Die $S'$ Kurve in Fig. 41 ist nun nicht nach der vorher angegebenen Methode konstruiert, sondern sie ist das Ergebnis tatsächlich ausgeführter Versuche. Der Wölbungsgrad, der den Versuchen zu Grunde liegenden Schraube war $\varphi = {}^1/_{40}$ und ihre Steigung $s = 4{,}3$ m. Die Tourenzahl betrug 300 per Minute. Die übrigen Dimensionen muß ich aus militärischen Gründen für mich behalten.

Es wurde nun die Zugkraft dieser Schraube gemessen zunächst am Ort und dann bei derselben Tourenzahl bei den Marschgeschwindigkeiten $c = 9{,}9$ und $c = 13{,}4$ m-Sekunden.

Die ideelle Marschgeschwindigkeit $c_i$ berechnet sich zu

$$c_i = \frac{4,3 \cdot 300}{60} = 21,5 \text{ m}$$

und wurde in Fig. 41 aufgetragen. Die Zugkraft $S_0 = 166$ kg für dieselbe Schraube mit normalen Flächen wurde nach Gleichung 6) berechnet und ist ebenfalls in der Figur ein-

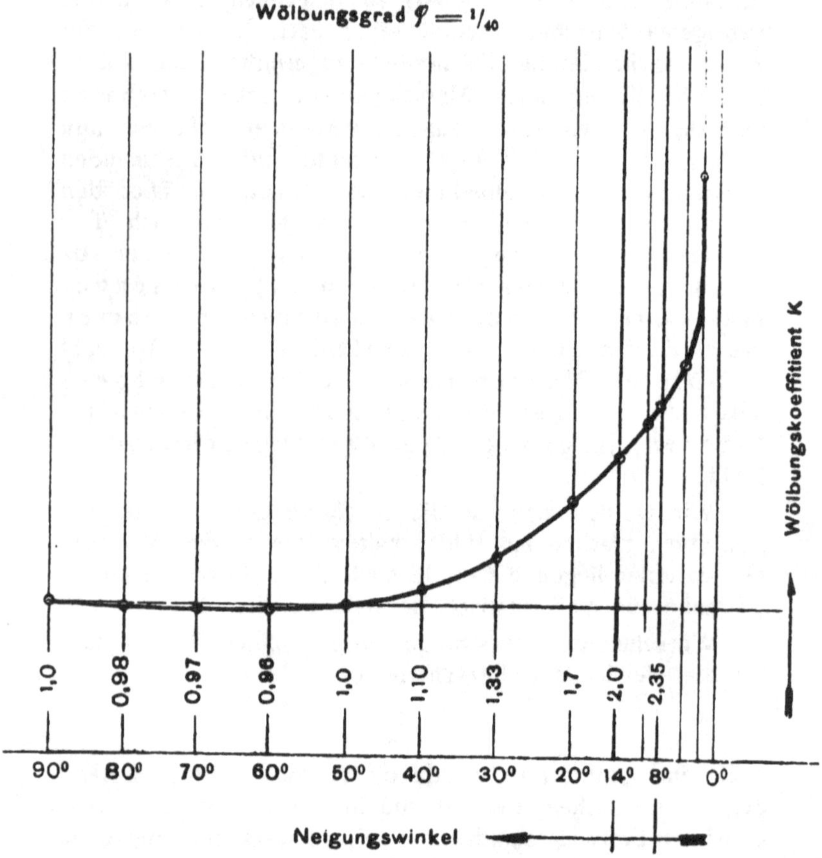


Fig. 42.

gezeichnet. Die 3 gemessenen Versuchspunkte wurden freihändig durch den Kurvenzug $S'$ verbunden.

Durch Division der Größen $S'$ und $S$ für jede Marschgeschwindigkeit ergibt sich dann der mittlere Wölbungskoeffizient $K_m$ nach Gleichung 64) zu

$$K_m = \frac{S'}{S};$$

Er wurde für verschiedene Marschgeschwindigkeiten gemessen, und das Ergebnis in Fig. 41 eingeschrieben.

Unserer Voraussage gemäß steigt er mit zunehmender Marschgeschwindigkeit andauernd bis ins Unendliche, genau wie die Wölbungskoeffizienten für die einzelnen Flächenelemente dies tun.

Zeichnen wir uns nun für den Wölbungsgrad $\varphi = {}^1/_{40}$ nach der Lilienthalschen Kurventafel die Wölbungskoeffizienten $K$ für die verschiedenen Neigungswinkel auf, so erhalten wir die Kurve Fig. 42.

In Fig. 38 steht uns die Kurve der Neigungswinkel $\alpha'$ für die Versuchsmarschgeschwindigkeit $c = 9{,}9$ und $c = 13{,}4$ m und für die Tourenzahl $n = 300$ zur Verfügung, allerdings gelten die Kurvenscharen der Fig. 38 für eine Steigung von 4 m, während die der Versuchs-

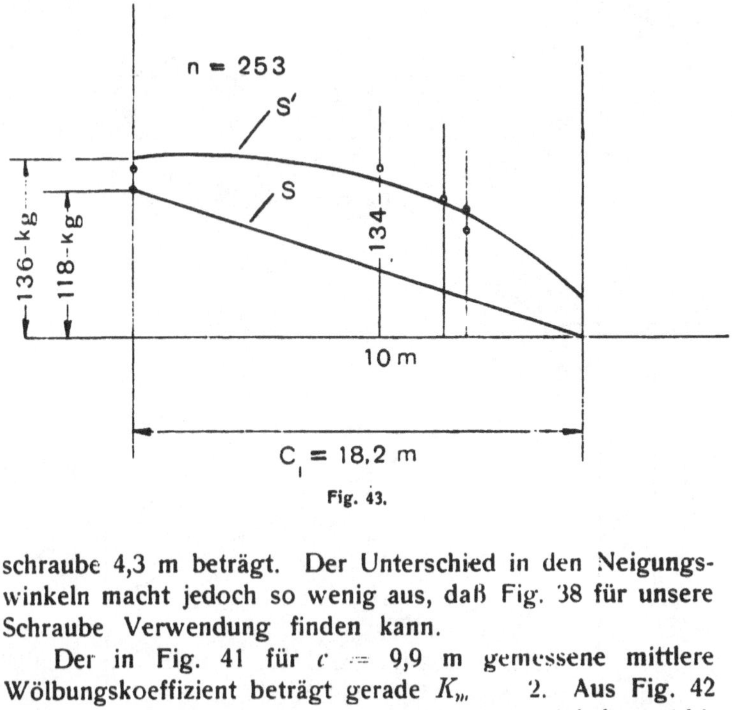


Fig. 43.

schraube 4,3 m beträgt. Der Unterschied in den Neigungswinkeln macht jedoch so wenig aus, daß Fig. 38 für unsere Schraube Verwendung finden kann.

Der in Fig. 41 für $c = 9{,}9$ m gemessene mittlere Wölbungskoeffizient beträgt gerade $K_m = 2$. Aus Fig. 42 entnehmen wir nun für $K = 2$ einen Neigungswinkel von $14^0$.

Suchen wir nun in Fig. 38 für $c = 9{,}9$ m den mittleren Neigungswinkel zwischen $x = 300$ und $x = 1750$ mm auf, denn diese Grenzen kommen hier in Betracht, dann finden wir als mittleren Neigungswinkel

$$\alpha'_m = \frac{10 + 20}{2} = 15^0$$

während wir aus der Kurve der Wölbungskoeffizienten, Fig. 42, $14^0$ abgelesen hatten. Dieser Winkel ist also etwas kleiner, als das von uns gewählte arithmetische Mittel zwischen den Neigungswinkeln. Dieses Ergebnis entspricht aber genau den Ueberlegungen im vorigen Kapitel, wonach wir festgestellt haben, daß der mittlere Neigungswinkel eine

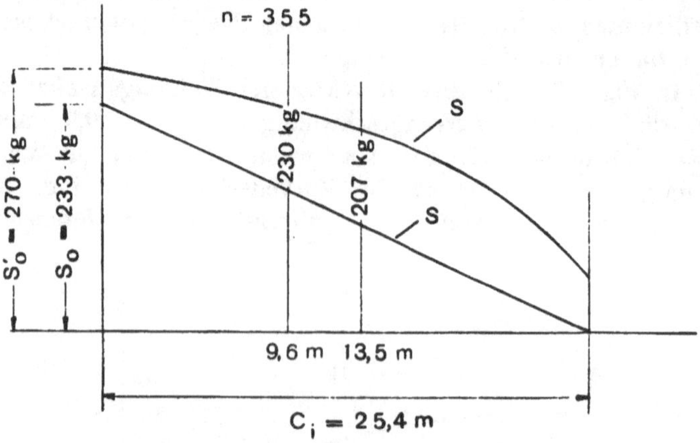


Fig. 44.

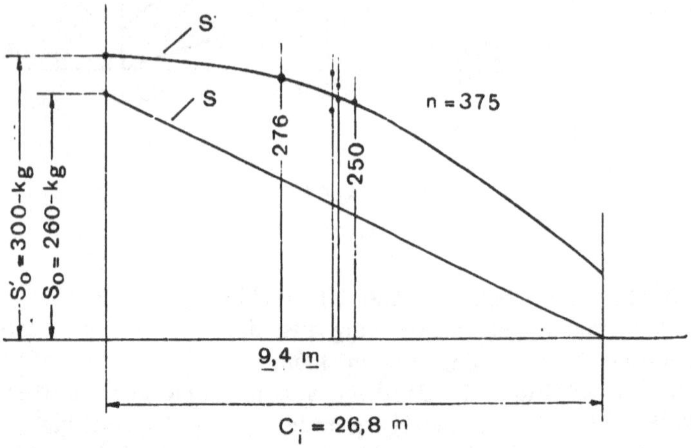


Fig. 45

Spur kleiner geschätzt werden muß, als das arithmetische Mittel angibt.

Wiederholen wir dasselbe für den Versuchspunkt bei $c = 13{,}4$ m, so ergibt die Messung der Zugkräfte $S$ und $S'$ einen mittleren Wölbungskoeffizienten $K_m = 2{,}35$, wozu nach Fig. 42 ein Neigungswinkel von $8^0$ gehört. In der

Tat ergibt sich dann aus Fig. 38 für $c = 13{,}4$ m zwischen den bekannten Grenzen ein mittlerer Winkel $\alpha' = 9^0$, so daß der wirkliche mittlere Neigungswinkel sich wieder etwas geringer ergibt, als das arithmetische Mittel.

Daraus ist zu schließen, daß für den Wölbungsgrad $^1/_{10}$ die Lilienthalschen Kurven auch noch für größere Geschwindigkeiten gelten als 12 m per Sekunde. In unserem Falle gehen sie bis auf 56 m per Sekunde hinauf.

In den Figuren 43 bis 45 sind die wirklich gemessenen $S'$ Kurven derselben Schraube für die Tourenzahlen $n = 253$, $n = 355$ und $n = 375$ aufgezeichnet. Die Zugkräfte $S_0$ für die Schraube mit normalen Flächen sind wieder nach Gleichung 6) berechnet und in den Figuren eingetragen.

Das Studium dieser Figuren überlasse ich dem geschätzten Leser.

## 6. Aenderung der Zugkraft mit wachsender Marschgeschwindigkeit bei konstantem Drehmoment.

Setzen wir in die Fundamentalgleichung 36)

$$N_i = \frac{S}{75} \cdot \frac{s\,n}{60}$$

für

$$N_i = M \frac{2\,\pi\,n}{60\,.\,75}$$

ein, wobei $M$ das zum Betriebe der Schraube erforderliche Drehmoment bedeutet, so geht Gleichung 36) über in

$$M = \frac{s}{2\,\pi}\,.\,S \text{ oder } S = \frac{2\,\pi}{s}\,M$$

Diese Gleichung haben wir bereits früher als Gleich. 35) abgeleitet.

Es geht aus ihr die wichtige Tatsache hervor, daß eine gegebene Schraube, gleichgültig ob mit gewölbten oder normalen Flächen, unter ein und demselben Drehmoment unabhängig von Tourenzahl und Marschgeschwindigkeit stets dieselbe Zugkraft liefert.

Selbstverständlich muß die Schraube dann mit zunehmender Marschgeschwindigkeit eine immer größere Tourenzahl annehmen, um den Einfluß der kleiner werdenden Einfallswinkel $\alpha'$ auf die Zugkraft wieder wett zu machen.

Es muß daher mit wachsender Marschgeschwindigkeit auch andauernd die Arbeitsaufnahme $N_i$ der Schraube zunehmen, da bei gleichbleibendem Drehmoment die Tourenzahl eine höhere wird.

Nun besitzen die zum Betriebe der Luftschrauben in der Praxis verwendeten Benzinmotoren innerhalb gewisser Grenzen unabhängig von der Tourenzahl ein konstantes Drehmoment.

*Die auf ruhendem Versuchsstande unter dem Antrieb des Benzinmotors gemessene Zugkraft der Schraube ist also genau dieselbe wie die bei jeder beliebigen Marschgeschwindigkeit unter dem Antriebe desselben Benzinmotors entwickelte Zugkraft.*

Der Motor wird während der Anlaufperiode eines Luftfahrzeuges unter dem Einflusse der mit zunehmender Marschgeschwindigkeit dauernd abnehmenden Neigungswinkel von selbst immer schneller laufen, um schließlich nach Eintritt des Beharrungszustandes seine maximale Tourenzahl zu erreichen, und damit auch seine größte Arbeitsleistung an die Schraube abzugeben. Die Zugkraft bleibt während der ganzen Beschleunigungsperiode unabhängig von Tourenzahl und Marschgeschwindigkeit ein und dieselbe.

*Auf Grund der einfachen Gleichung* 35), *deren Uebereinstimmung mit der Wirklichkeit durch die Prüfungsergebnisse der aus ihr hervorgehenden Gleichung* 36) *gewährleistet ist, hat man es also nicht nötig, zur Prüfung einer Schraube kostspielige und ebenso umständliche Versuche auf fahrbaren Versuchsständen anzustellen, es genügt zur Beurteilung der Schraube vollkommen die Messung am Ort.*

Nach Gleichung 56) läßt sich ferner, *wenigstens für normale Schraubenflächen*, die Zugkraft einer Schraube für jede beliebige Tourenzahl und Marschgeschwindigkeit berechnen, wenn deren Zugkraft bei einer bekannten Tourenzahl und Marschgeschwindigkeit gemessen wurde. Ist diese Marschgeschwindigkeit gleich Null, erfolgte also die Messung auf ruhendem Versuchsstande, so braucht in Gleichung 56) nur $c = o$ gesetzt zu werden, um bei der Tourenzahl $n'$ und der Marschgeschwindigkeit $c'$ die gesuchte Zugkraft $S'$ ermitteln zu können.

Für gewölbte Flächen wird die Rechnung jedoch nicht so einfach, da sich mit Tourenzahl und Marschgeschwindigkeit auch die mittleren Wölbungskoeffizienten ändern, die in jedem Falle erst ermittelt werden müssen. Gleich. 56) geht für gewölbte Flächen unter Beachtung der Gleich. 64) über in

$$\frac{S}{S'} = \frac{K_m\,(s\,n^2 - 60\,c\,n)}{K'_m\,(s\,n'^2 - 60\,c'\,n')} \quad \ldots\ldots \quad 67)$$

wobei $K_m$ und $K'_m$ die zu den entsprechenden Tourenzahlen und Marschgeschwindigkeiten gehörigen mittleren Wölbungskoeffizienten bedeuten.

7. Schrauben mit veränderlicher Steigung.

Zum Schlusse dieses Abschnittes noch einige Worte über die Steigung $s$ einer Schraube. Sie wurde in dieser Arbeit stets stillschweigend als konstant vorausgesetzt. In der Tat ist nicht recht einzusehen, warum man bei den vielen Vorzügen, die eine konstante Steigung bietet, an ihrer Stelle eine veränderliche, und zwar nach innen abnehmende Steigung anwenden sollte, wie man dies manchmal in der Praxis der Marschschrauben sehen kann. Aus Fig. 38 geht hervor, daß bei den größeren Marschgeschwindigkeiten für konstante Steigung, die Einfallswinkel nach innen zu sehr klein sind und bald bis auf $0^0$ abnehmen, so daß bei einer nach der Achse zu verminderten Steigung diese Neigungswinkel leicht negativ ausfallen können, das heißt also, daß die Schraubenelemente mit der Rückseite durch die Luft gezogen werden, und somit bremsend statt treibend wirken.

Diese Gefahr liegt um so näher, je größer die Marschgeschwindigkeit wird, sie verschwindet bei Hubschrauben. Bei letzteren allenfalls könnte eine nach innen abnehmende Steigung verwendet werden, wenn man Gründe dafür zu haben glaubt, bei einer Marschschraube dagegen ist eine Abweichung von der konstanten Steigung ein Fehler.

## IV. Beispiele aus der Praxis.

### 1. Die Luftschraube und der Fahrwiderstand der Wrightschen Flugmaschine. Der günstigste Wölbungsgrad.

Vor kurzem hatte ich Gelegenheit, eine der Luftschrauben des Wrightschen Fliegers zu vermessen.

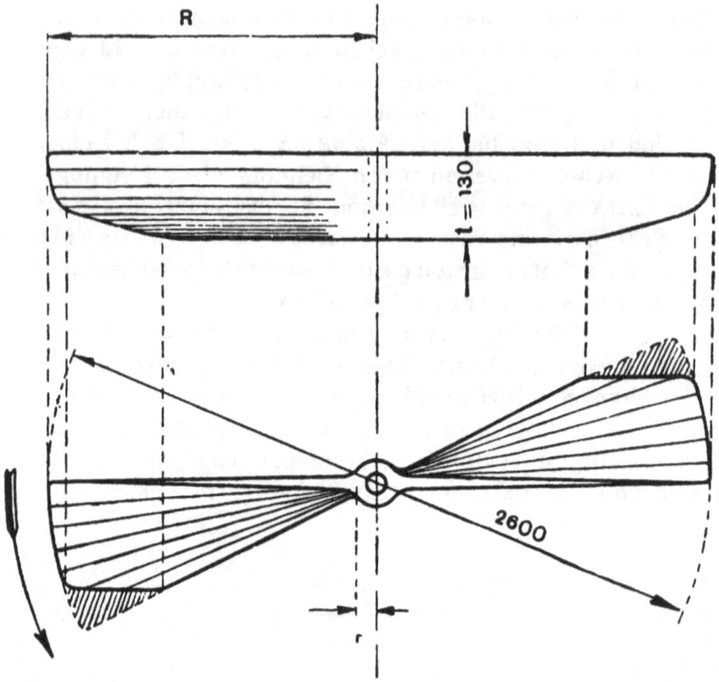


Fig. 46.

Figur 46 zeigt eine Skizze dieser zweiflügeligen Schraube in Auf- und Grundriß.

Die aus massivem Holz gebauten Flügel besitzen einen äußeren Radius $R = 1{,}3$ m, der innere Radius $r$ ist so klein wie möglich. Es ist also jedes Flächenelement nach innen zu bis auf das äußerste ausgenutzt, so daß diese Flächenelemente fast senkrecht zur Umdrehungsrichtung stehen, ein Moment, das ich wiederholt als wesentlich hervorgehoben habe. —

Die Flügeltiefe $t$ (siehe Fig. 46) im Aufriß ist, mit Ausnahme der äußersten Schraubenspitzen, konstant zu $t =$ 130 mm gehalten.

Wright hat die Flügelenden außen, um die in Fig. 46 im Grundriß schraffiert angedeuteten Flächenstücke abgestutzt, was dem Propeller auf den ersten Blick ein etwas ungewohntes Aussehen verleiht, und man könnte geneigt sein, in dieser besonderen Formgebung irgend einen aerodynamischen Kunstgriff zu erblicken.

Voraussichtlich wurden die schraffierten Flügelenden allmählich so lange abgestutzt, bis die Schraube den Motor auf seine Tourenzahl kommen ließ.

Es ist jedoch durchaus nicht ausgeschlossen, daß durch diese Eigenart der Formgebung, bezw. durch die konstant gestaltete Flügeltiefe ein Vorteil erzielt werden kann.

Theoretisch ist die Form des Flügels gleichgültig, wie ich nachgewiesen habe. Wie sich die Sache in der Wirklichkeit verhält, kann nur durch Versuche mit verschiedenen Flügelformen entschieden werden. *Nach den bisherigen Erfahrungen jedoch scheint die Form des Flügels tatsächlich mehr oder weniger belanglos zu sein.*

Die Figuren 47 bis 49 zeigen Schnitte durch den Wrightschen Schraubenflügel an 3 verschiedenen Stellen. Bezeichnet $x$ den Abstand des Schnittes von der Schraubenachse und $\alpha$ den zugehörigen Steigungswinkel, so bestimmt sich die Steigung aus der Gleichung 1) zu:

$$s = 2\, x\, \pi\, tg\, \alpha.$$

Die gemessenen Steigungswinkel, sowie Flügelbreite und Flügelwölbung sind in den Figuren 47 bis 49 eingetragen. Für Fig. 47 beträgt $x$ 1,3 m, für Fig. 48 $x =$ 0,86 m und schließlich für Fig. 49 $x =$ 0,5 m.

Nach Einsetzen dieser Werte in die obige Gleichung ergibt sich die Steigung der Wrightschen Schraube:

Für Fig. 1) zu $s = 2 \,.\, 1{,}3\, \pi\, tg\, 20^0 = 2{,}98 \sim 3$
„ „ 2) „ $s = 2 \,.\, 0{,}86\, \pi\, tg\, 29^0\, 50' = 3{,}09 \sim 3$
„ „ 3) „ $s = 2 \,.\, 0{,}5\, \pi\, tg\, 44^0\, 20' = 3{,}06 \sim 3$

so daß wir also hiermit die Steigung der Schraube zu $s = 3$ m festgestellt haben.

Der Motor des Wrightschen Aeroplans soll bei 1300 Touren 28 PS. entwickeln, so daß also jede der beiden Schrauben 14 PS. aufnimmt.

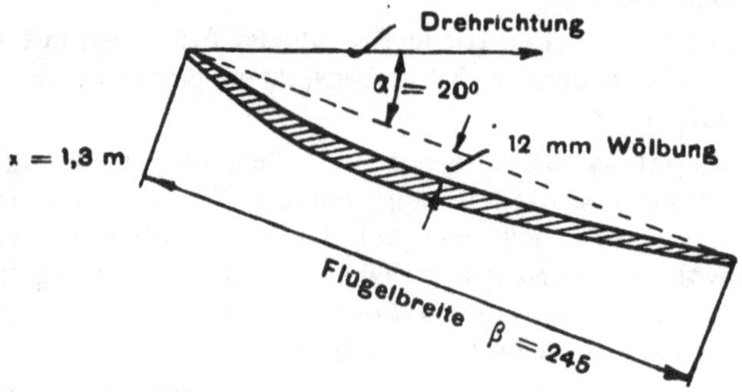


Fig. 47.

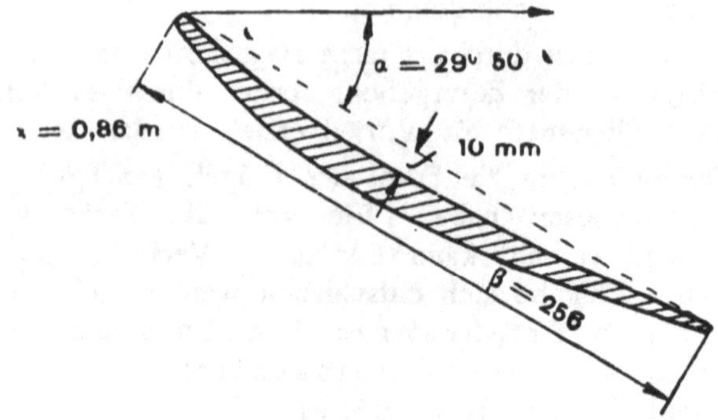


Fig. 48.

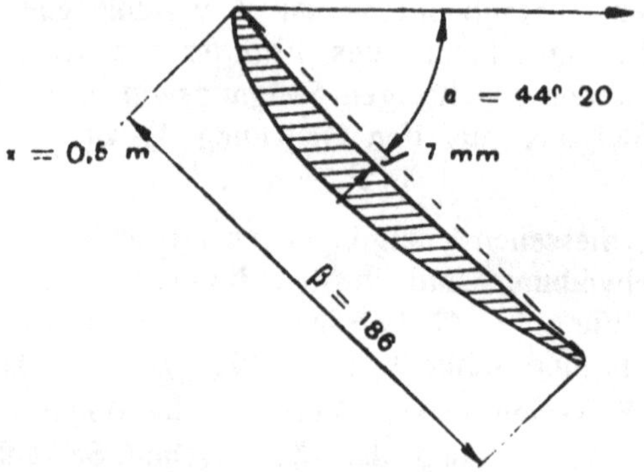


Fig. 49.

Das Uebersetzungsverhältnis von Motor zu den Schrauben habe ich gemessen durch Zählen der Zähne der Kettenräder und fand

$$\frac{32}{10} = 3{,}2$$

so daß sich die Tourenzahl der Schrauben bestimmt zu

$$\frac{1300}{3{,}2} \sim 400.$$

Hiermit sind uns alle Größen bekannt, die zur Ermittlung der Zugkraft der Wrightschen Schraube nach Gleichung 36) erforderlich sind.

$$N_i = \frac{S}{75} \cdot \frac{s\,n}{60}$$

Nach Einsetzen der Zahlenwerte erhalten wir:

$$14 = \frac{S}{75} \cdot \frac{3 \cdot 400}{60}$$

woraus sich die Zugkraft der Wrightschen Schraube im Marsch berechnet zu

$$S \sim 50 \text{ kg};$$

Der Fahrwiderstand der Wrightschen Flugmaschine beträgt sonach rund 100 kg für eine Marschgeschwindigkeit von 15 oder 16 m per Sekunde.

Die Zugkraft der Schraube pro PS. ergibt sich zu

$$\frac{50}{14} \sim 3{,}6 \text{ kg};$$

in Wirklichkeit voraussichtlich etwas mehr, da ich die Zugkraft nach unten abgerundet habe.

Je nachdem man die Marschgeschwindigkeit $c$ der Wrightschen Maschine zu 15 oder 16 m per Sekunde annimmt, ermittelt sich der Nutzeffekt der Schraube aus der Gleichung

$$\eta = \frac{N_e}{N_i} = \frac{S c}{75\, N_i}$$

zu

$$\eta = \frac{50 \cdot 15}{75 \cdot 14} \sim 0{,}71$$

bezw. zu

$$\eta = \frac{50 \cdot 16}{75 \cdot 14} \sim 0{,}76$$

Da die Wrightsche Maschine wahrscheinlich eher 16 als 15 m per Sekunde fliegt, so dürfte der zuletzt berechnete Wirkungsgrad von 76 Prozent der Wirklichkeit am nächsten kommen.

Wilbur Wright hat den Wirkungsgrad seiner Schrauben zu 75 Prozent angegeben, was mit vorstehender Rechnung übereinstimmen würde.

Aus den Figuren 47 bis 49 ermittelt sich der Wölbungsgrad $\varphi$ der Wrightschen Schraube außen zu

$$\varphi \sim \frac{1}{20}$$

7

während er nach innen zu etwas abnimmt und zwar auf ungefährt $^1/_{26}$ und weiter auf etwa $^1/_{27}$, um schließlich gegen die Achse zu ganz zu verschwinden. Diese allmähliche Abnahme des Wölbungsgrades nach innen zu findet man häufig in der Praxis. Das Gegenteil davon dürfte jedoch das richtigere sein.

Es ist nämlich, wie schon früher einmal bemerkt, zu erwarten, daß jeder Geschwindigkeit ein günstigster Wölbungsgrad zugeordnet ist, bei welchem also die Luftwiderstandskraft ein Maximum wird, und nach Lilienthal ist anzunehmen, daß die günstigste Wölbung mit zunehmender Geschwindigkeit sich mehr und mehr verflacht. Eine ganz raffiniert konstruierte Schraube müßte also so gebaut sein, daß die Wölbung von innen nach außen abnimmt, nicht aber zu. Ich schätze, daß es am zweckmäßigsten sein dürfte, bei den innersten Flächenelementen mit einem Wölbungsgrad von $^1/_{12}$ zu beginnen und denselben der wachsenden Umfangsgeschwindigkeit entsprechend allmählich in dem Maße abnehmen zu lassen, daß er bei 100 m Umfangsgeschwindigkeit sich etwa auf $^1/_{50}$ bis $^1/_{60}$ vermindert hat. Leider fehlen über diesen wichtigen Punkt des günstigsten Wölbungsgrades für größere Geschwindigkeiten noch alle Erfahrungen.

### 2. Die Schraube und der Fahrwiderstand des Blériotschen Eindeckers Nr. 9. Berechnung der Schraube auf Festigkeit. Einfluß der Schraubenzahl auf den Wirkungsgrad.

Der Blériotsche Eindecker Nr. 9 repräsentiert einen der unmittelbaren Vorläufer der Maschine, mit der Blériot seinen berühmten Flug über den Kanal vollbrachte.

Es ist interessant, den Fahrwiderstand dieses Eindeckers zu vergleichen mit demjenigen des Wrightschen Doppeldeckers, der im vorausgehenden Kapitel zu 100 kg ermittelt wurde.

Die Arbeitsaufnahme des Propellers, oder die Motorenstärke des Blériotschen Eindeckers Nr. 9 — ein 16 Zylinder-Antoinette-Motor — wird angegeben zu $N_i = 60$ PS. bei einer Tourenzahl $n = 1600$ per Minute.

Die mit der Motorachse direkt gekuppelte vierflügelige Schraube (s. Skizze Fig. 50) repräsentiert mit der enormen Tourenzahl von 1600 Umdrehungen per Minute den Typ des ausgesprochenen Schnelläufers, im Gegensatz zu den langsam gehenden und großen Wrightschen Schrauben.

Wir haben somit Gelegenheit an unmittelbaren Beispielen aus der Praxis die starken Effektverluste schnelllaufender Schrauben kennen zu lernen.

Die Steigung der Blériotschen Schraube ermittelte ich durch Messung der Steigungswinkel an drei verschiedenen Stellen.

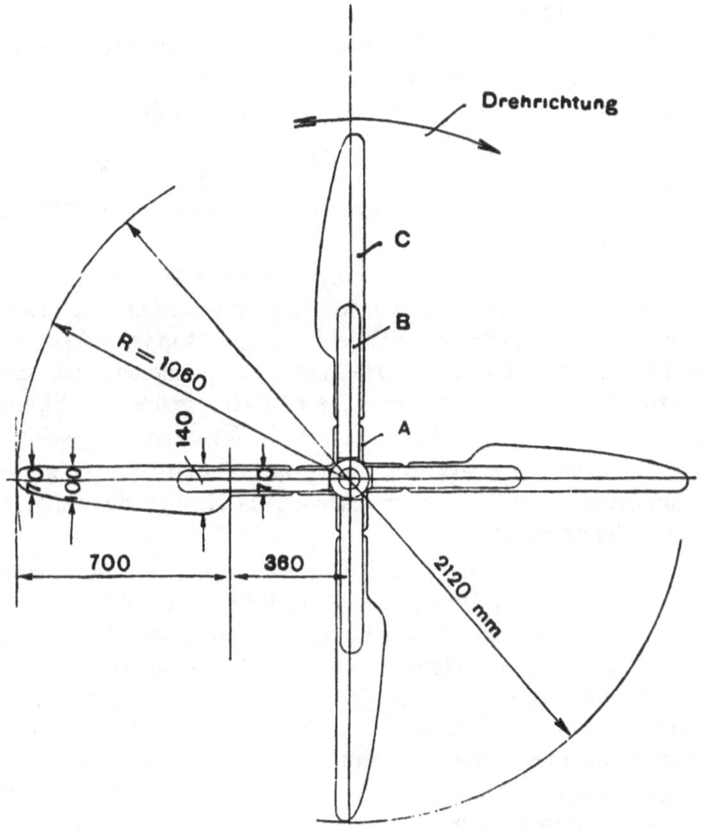


Fig. 50.

Es ergaben sich für die Radien

$$x = 1 \text{ m}, \; x = 0{,}75 \text{ m}, \; x = 0{,}5 \text{ m}$$

die Steigungswinkel zu

$$\alpha = 17^0, \; \alpha = 22^0 \text{ und } \alpha = 31^0$$

Nach den Eigenschaften der Schraubenfläche bestimmt sich danach die Steigung des Propellers aus der Gleichung 1) zu:

$$s = 2 \, x \, \pi \, tg \, \alpha.$$

7*

Nach Einsetzen der gemessenen Werte in diese Gleichung ergibt sich die Steigung des Blériotschen Schnellläufers:

Für Messung 1) zu $s = 2 \,.\, 1 \,.\, \pi \,.\, tg\, 17^0 = 1{,}92 \sim 1{,}9$
„ „ 2) „ $s = 2 \,.\, 0{,}84\, \pi\, tg\, 22^0 = 1{,}9 = 1{,}9$
„ „ 3) „ $s = 2 \,.\, 0{,}5\, \pi\, tg\, 31^0 = 1{,}88 \sim 1{,}9$

so daß wir hiermit die Steigung der Schraube zu $s = 1{,}9$ m festgestellt haben.

Da der Blériotsche Eindecker nur eine Schraube besitzt, so gibt uns Gleichung 36) mit der Zugkraft der Schraube auch unmittelbar den Fahrwiderstand der Flugmaschine zu:

$$S = 75 \,.\, 60 \frac{N_i}{s\, n} = 75 \,.\, 60 \frac{60}{1{,}9 \,.\, 1600} \sim 90 \text{ kg};$$

während wir für den Wrightschen Doppeldecker 100 kg gefunden hatten.

Diese Zahlen weichen wenig von einander ab, während man für den Fahrwiderstand des Eindeckers doch nur etwas mehr als die Hälfte von demjenigen des Doppeldeckers erwarten sollte. Es ist jedoch dabei zu beachten, daß der Blériotsche Eindecker eine erheblich größere Eigengeschwindigkeit entwickeln soll, als die Wrightsche Maschine.

Zunächst interessieren uns nun noch die übrigen Dimensionen und die konstruktive Ausführung des Blériotschen Schnelläufers.

Fig. 50 zeigt eine Skizze desselben. Auf der Achse aufgekeilt sitzt ein kräftiges Schmiedestück *A* mit 4 Ansätzen, die um ca. 35° zur Drehrichtung geneigt sind. Mit jedem dieser Ansätze verschraubt sind je 2 Stahlbleche *B* von ca. 3 mm Stärke und ca. 70 mm Breite, die auf beiden Seiten den Schraubenflügel *C* umfassen und durch zahlreiche Nieten mit ihm verbunden sind. Der messerartige Schraubenflügel *C*, dessen Dimensionen aus der Skizze ersichtlich sind, ist aus Aluminiumblech von etwa 4÷5 mm Stärke gehämmert, an den Ein- und Austrittskanten scharf geschliffen und in der Richtung des Umfanges leicht gewölbt.

Die Figuren 51 bis 53 zeigen die zur Messung der Steigung des Flügels benützten Schnitte durch denselben.

Der äußere Radius *R* des Flügels beträgt, wie aus Fig. 50 ersichtlich ist, 1060 mm, so daß die Geschwindigkeit am äußersten Punkte des Umfangs bei 1600 Touren sich ergibt zu:

$$\frac{2\, R\, \pi\, n}{60} = \frac{2 \,.\, 1{,}06\, \pi \,.\, 1600}{60} \sim 180 \text{ m}$$

per Sekunde.

Vor dieser enormen und bis jetzt im Maschinenbau ungewohnten Umfangsgeschwindigkeit braucht man jedoch zunächst noch keine Besorgnis zu haben, denn wie sich beim Nachrechnen zeigen wird, liegt die Beanspruchung des Flügels **durch die Zentrifugalkraft** durchaus noch innerhalb praktisch brauchbarer Grenzen.

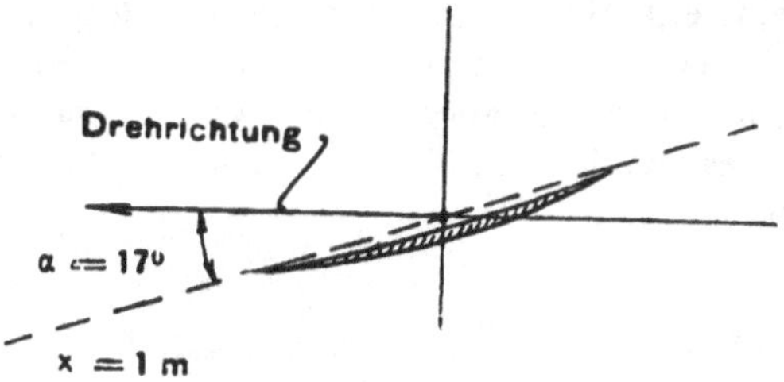


Fig 51.

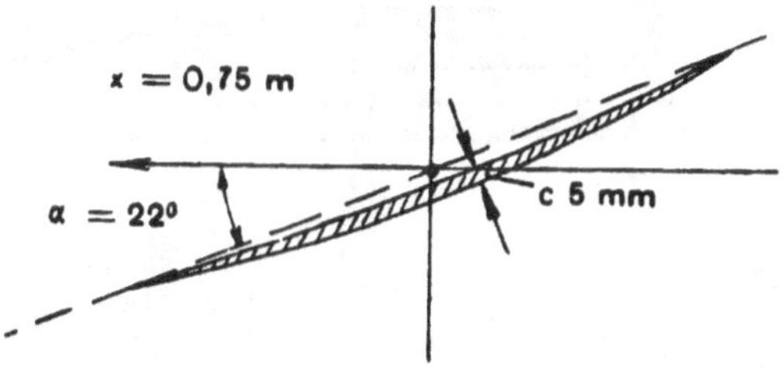


Fig. 52.

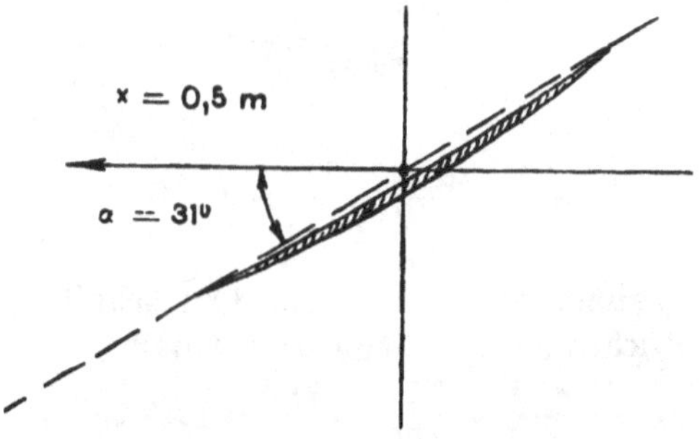


Fig. 53.

In Fig. 54 ist eines der Flügelblätter herausgezeichnet. Ein gefährlicher Querschnitt ist zunächst an derjenigen Stelle zu suchen, bei welcher die Armierung des Aluminiumbleches, durch die Stahlbleche *B* ein Ende erreicht hat. Diesen Querschnitt in Fig. 54 durch $q \div q$ bezeichnet, wollen wir auf seine Beanspruchung hin untersuchen.

Nehmen wir die mittlere Breite des Flügelblattes rechts vom gefährlichen Querschnitt zu 120 mm und die mittlere Blechstärke zu 3 mm an, so erhalten wir für das Gewicht der Flügelspitze von ca. 500 m Länge:

$$5 \,.\, 1{,}2 \,.\, 0{,}03 \,.\, 3 \sim 0{,}54 \text{ kg},$$

wobei für das spezifische Gewicht des gehämmerten Aluminiumbleches 3 kg gesetzt sind.

Der Schwerpunkt *S* des betrachteten Flügelstückes ergibt sich in einer Entfernung von ca. 800 mm von der Rotationsachse der Schraube. Die Geschwindigkeit des Schwerpunktes wird dann für die Tourenzahl von 1600 per Minute:

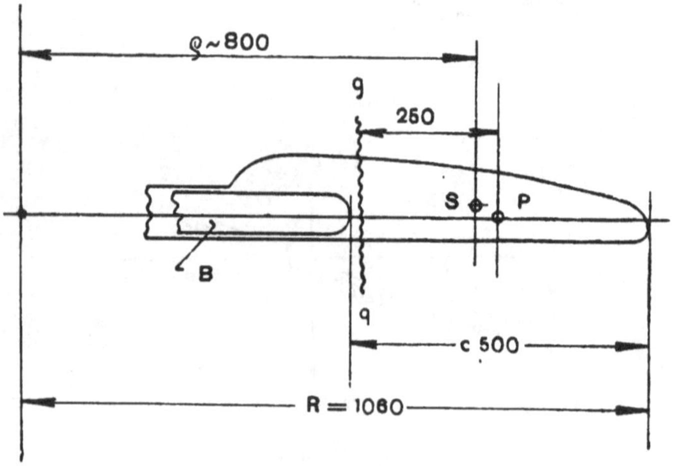


Fig. 54.

$$v = \frac{2 \,.\, 0{,}8\, \pi \,.\, 1600}{60} \sim 134 \text{ m}$$

per Sekunde,

so daß wir nunmehr für die den Querschnitt $q \div q$ auf Zug beanspruchende Zentrifugalkraft erhalten:

$$C = \frac{m\, v^2}{\rho} = \frac{0{,}54}{9{,}81} \cdot \frac{134^2}{0{,}8} \sim 1240 \text{ kg}.$$

Die Zugspannung im gefährlichen Querschnitt berechnet sich damit zu:

$$\frac{1240}{14 \,.\, 0{,}3} \sim 300 \text{ kg pro cm}^2$$

wobei 14 cm die Breite und 0,3 cm die mittlere Blechdicke des Querschnittes $q - q$ bedeuten.

Nun kommt dazu jedoch noch die Beanspruchung des Flügelblattes auf Biegung durch die Zugkraft der Schraube.

Jeder der vier Flügel hat den vierten Teil dieser vorher zu 90 kg berechneten Kraft zu tragen, also

$$\frac{90}{4} \sim 22{,}5 \text{ kg}.$$

Von diesen 22,5 kg dürfte jedoch der äußere, nicht durch Stahlbleche armierte Teil des Aluminiumflügels, schätzungsweise, unter Beachtung der besonderen nach außen sehr schmal verlaufenden Form des Flügels, kaum mehr als etwa 15 kg aufnehmen, deren Angriffspunkt $P$ in einem Abstand von zirka 250 mm vom gefährlichen Querschnitt zu suchen ist (siehe Figur 54).

Nun ist aber noch zu berücksichtigen, daß diese über den ganzen, rechts vom gefährlichen Querschnitt liegenden Teil des Flügelblattes verteilte, und im Punkte $P$ konzentriert

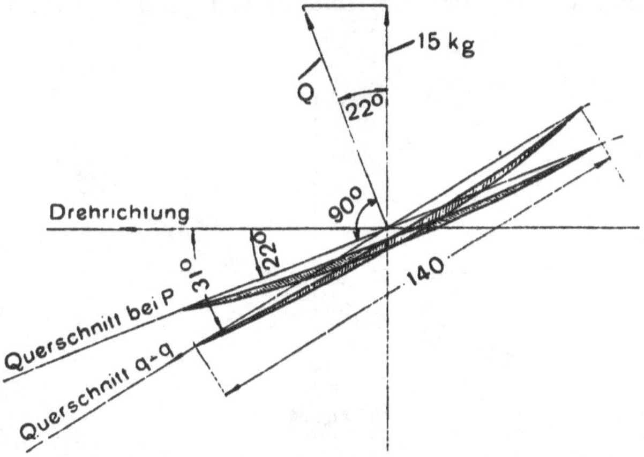


Fig. 55.

gedachte Kraft entstanden ist, als die achsiale Komponente der Resultierenden, der senkrecht zu jedem Flügelelement stehenden Luftwiderstandskräfte.

Nehmen wir diese Resultierende auf dem im Punkte $P$ geführten Querschnitte senkrecht stehend an, was durchaus nicht immer der Fall zu sein braucht, bei der vorliegenden, nach außen sehr schmal verlaufenden Flügelform jedoch ziemlich genau zutreffen wird, so erhalten wir damit erst, den den gefährlichen Querschnitt $q \div q$ auf Biegung belastende Kraft.

Fig. 55 zeigt den im Punkte $P$ durch den Flügel geführten Querschnitt. Der Abstand dieses Querschnittes von der Schraubenachse beträgt nach Fig. 54 zirka 0,75 m, so daß sich der Steigungswinkel an dieser Stelle nach Fig. 52 zu 22° ermittelt.

Die den in Fig. 55 ebenfalls eingezeichneten Querschnitt $q \div q$ beanspruchende Biegungskraft ergibt sich also zu:

$$Q = \frac{15}{\cos 22^0} = \frac{15}{0.93} \sim 16 \text{ kg}.$$

Der gefährliche Querschnitt $q \div q$ ist nach Fig. 54 ca. 0,5 m von der Schraubenachse entfernt, besitzt also nach Fig. 53 einen Steigungswinkel von 31 °.

Bei dem aus Fig. 55 erkennbaren geringen Unterschied in der Neigung der beiden Querschnitte brauchen wir den Umstand, daß die Kraft $Q$ nicht genau senkrecht zum Querschnitte $q \div q$ steht, nicht weiter zu beachten. Der Querschnitt $q \div q$ hat demnach ein Biegungsmoment auszuhalten von $16 \cdot 25 = 400$ cmkg.

Den sichelförmigen Querschnitt des Flügelblattes, dessen Breite bei $q \div q$ 140 mm und dessen größte Dicke in der

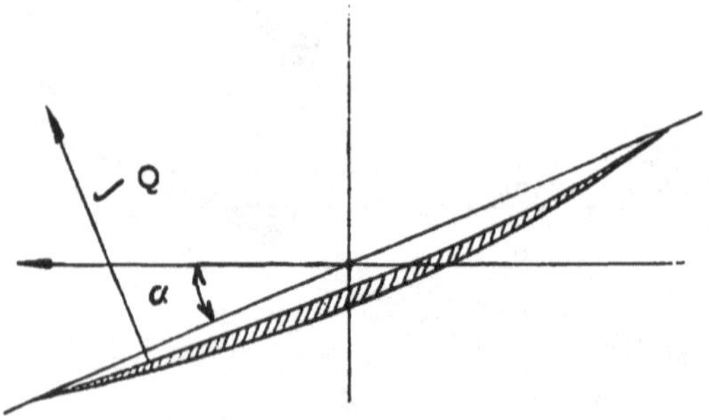


Fig. 56.

Mitte ca. 5 mm beträgt, haben wir bei Ermittelung der durch die Zentrifugalkraft hervorgerufenen Zugspannung, ersetzt durch ein Rechteck von 140 mm Breite und 3 mm Dicke.

Das Widerstandsmoment dieses Ersatzrechteckes ist aber sicher kleiner, als das des gewölbten sichelförmigen Querschnittes, und wir kommen der Wirklichkeit näher, wenn wir diesmal für die Höhe des Rechteckes die größte Blechdicke in der Mitte des Querschnittes von etwa 5 mm einführen.

Wir erhalten unter dieser Voraussetzung die Biegungsspannung $S_b$ im Querschnitte $q \div q$ aus der Gleichung:

$$400 = \frac{14 \,.\, 0{,}5^2}{6} \,.\, S_b$$

zu $S_b \sim 700$ kg per cm².

Unter Hinzufügung der vorher zu 300 kg berechneten, durch die Schleuderkraft hervorgerufenen Beanspruchung erhalten wir eine maximale Zugspannung im Querschnitte $q \div q$ von rund 1000 kg per cm².

Schließlich kommen dazu noch Torsionsbeanspruchungen des Flügels, dadurch hervorgerufen, daß die Resultierende des Luftwiderstandes nicht in der Mitte jedes Flügelelementes angreift, sondern etwas vor derselben, etwa wie in Fig. 56 angedeutet. Und zwar rückt diese Resultierende um so mehr vom Mittelpunkte des Flächenelementes nach der Eintrittskante desselben zu, je kleiner der Steigungswinkel an der betreffenden Stelle ist. Diesem Umstande ist beim Blériotschen Flügel teilweise allerdings dadurch Rechnung getragen, daß, wie aus Fig. 50 ersichtlich, die Mittellinie des Flügels der Eintrittskante näher liegt.

Beachten wir diese verschiedenartigen Beanspruchungen, ferner den für Biegung und Torsion äußerst ungünstigen Querschnitt des Flügels, und schließlich die intensiven, mit der Zeit das beste Material zerstörenden Vibrationen, so kommen wir zu dem Schlusse, daß die Beanspruchung des Blériotschen Schnelläufers bei voller Belastung die Gefahrgrenze streift. Es ist dies allerdings ein Uebelstand, der fast jedem Schnelläufer anhaftet, und der auch nur schwer zu beseitigen ist, denn mit der Verstärkung oder Versteifung des Materials wächst dessen Gewicht und damit die gefährliche Zentrifugalkraft.

Schon aus diesem Grunde sollte man schnellaufende und kleine Schrauben nur ausführen, wenn die Raumverhältnisse an Bord des Fahrzeuges dazu zwingen.

Der Nutzeffekt der Blériotschen Schraube berechnet sich unter Zugrundelegung einer Fahrgeschwindigkeit von 17 m per Sekunde zu:

$$\eta = \frac{N_e}{N_i} = \frac{90 \,.\, 17}{75 \,.\, 60} \sim 0{,}34$$

während wir für die Wrightschen Schrauben 76% gefunden hatten.

Die Zugkraft pro eingeleitete Pferdestärke wird:

$$\frac{90}{60} = 1{,}5 \text{ kg}$$

gegen 3,6 kg bei Wright.

Der Nutzeffekt der langsam laufenden Wrightschen Schrauben ist also mehr als doppelt so groß als bei dem vorliegenden Schnelläufer. Es ist dabei allerdings noch zu beachten, daß die Wrightsche Maschine 2 Schrauben besitzt, wodurch der Wirkungsgrad der Schraubenanlage eine weitere Steigerung erfährt.

Den Einfluß der Schraubenzahl auf den Nutzeffekt können wir bei dieser Gelegenheit gleich an dem vorliegenden praktischen Beispiel des Blériotschen Eindeckers untersuchen.

Denken wir uns den Flieger mit zwei Schrauben ausgerüstet, die beide genau die gleichen Dimensionen besitzen sollen, wie die in Fig. 50 skizzierte tatsächlich an der Maschine vorhandene eine Schraube, und stellen wir die Voraussetzung, daß die Fahrgeschwindigkeit und somit der Fahrwiderstand des Eindeckers beim Zweischraubenantrieb keine Aenderung erfahren soll gegenüber dem Betriebe mit einer Schraube, so wird zunächst jede der beiden Schrauben nur die Hälfte des früher zu 90 kg berechneten Fahrwiderstandes der Maschine zu entwickeln haben. Die Zugkraft einer Schraube wird also

$$S' = 90/2 = 45 \text{ kg.}$$

Bezeichnen wir die Tourenzahl, bei welcher die Schraube 45 kg Zugkraft liefert mit $n'$, während $n = 1600$ die Tourenzahl bedeutet, bei der die Schraube den gesamten Fahrwiderstand von 90 kg allein aufzubringen vermochte, so erhalten wir nach dem Satze, nach welchem die Zugkraft mit dem Quadrate der Tourenzahl zunimmt, für die Schraube beim Zweischraubenantrieb die Beziehung

$$S' = C\, n'^2$$

und für den Schnelläufer:

$$2\, S' = C\, n^2$$

wobei $C$ eine von den Dimensionen der Schraube abhängige Konstante und $S'$ den halben Fahrwiderstand der Maschine bezeichnet.

Durch Division beider Gleichungen ergibt sich die Tourenzahl $n'$ des Propellers beim Zweischraubenantrieb zu:

$$n' = \frac{n}{\sqrt{2}}$$

und nach Einsetzen des Zahlenwertes von $n = 1600$ zu:

$$n' = \frac{1600}{\sqrt{2}} \sim 1120 \text{ Touren.}$$

Aus Gleichung 36) erhalten wir schließlich die bei dieser Tourenzahl zum Betriebe der Schraube erforderliche Motorenstärke zu:

$$N_i = \frac{S'}{75} \cdot \frac{s\, n'}{60} = \frac{45}{75} \cdot \frac{1{,}9 \,.\, 1120}{60} \sim 21 \text{ PS.}$$

für beide Schrauben zusammen also 42 PS. gegen 60 PS. beim Einschraubenantrieb.

Der Nutzeffekt ermittelt sich dann wieder aus

$$\eta = \frac{N_e}{N_i} = \frac{45 \cdot 17}{75 \cdot 21} \sim 0{,}49$$

also 49 % gegenüber dem für den Schnelläufer gefundenem Wert von 34 %.

Der Nutzeffekt ist also gerade um die Quadratwurzel aus der Schraubenzahl größer geworden. In unserem besonderen Falle also

$$\sqrt{2} \cdot 0{,}34 \sim 0{,}49.$$

eine Notwendigkeit, die sich leicht aus der Form der verwendeten Gleichungen ergibt.

Bei Anordnung von 3 Schrauben wäre der Nutzeffekt um $\sqrt{3}$, bei 4 Schrauben um $\sqrt{4}$ mal größer, als der einer einzigen Schraube von denselben Dimensionen.

Streng richtig ist dieser soeben aufgestellte Satz nun allerdings nicht, wie der Leser bereits bemerkt haben wird, denn die zu seiner Ableitung verwendete Beziehung

$$S = C\, n^2$$

gilt nur für die am Ort arbeitende Schraube. Bei dieser ändert sich die Zugkraft lediglich mit dem Quadrate der Tourenzahl.

Bei einer im Marsch befindlichen Schraube dagegen ändern sich mit der Tourenzahl, bei konstant bleibender Marschgeschwindigkeit auch die Einfallswinkel der Luft auf die Flächenelemente, wogegen sie bei der am Orte arbeitenden Schraube, unabhängig von der Tourenzahl, stets die gleichen bleiben.

Nun pflegen die Umfangsgeschwindigkeiten der Flächenelemente, die üblichen Marschgeschwindigkeiten so beträchtlich zu übersteigen, daß die Winkeldifferenz kaum bemerkbar wird, und in solchen Fällen vernachlässigt werden kann. Diese Vernachlässigung muß also bei Anwendung obigen Satzes im Auge behalten werden. Sie macht sich um so mehr geltend, je größer die Schraubenzahl wird.

Die von uns vorher zu $n' = 1120$ berechnete Tourenzahl, bei der die Blériotsche Schraube die Hälfte des gesamten Fahrwiderstandes entwickeln sollte, wird also in Wirklichkeit etwas größer sein müssen, da bei der Berechnung die Verminderung der Einfallswinkel vernachlässigt wurde. Die zum Betrieb der Schraube erforderliche Pferdestärkenzahl wird daher ebenfalls etwas größer als die vorher ermittelten 21 PS., so daß der Nutzeffekt von 49 % beim Zwischenschraubenantrieb nicht ganz erreicht wird. Viel macht es aber in diesem besonderen Falle nicht aus, da die

Umfangsgeschwindigkeiten sehr erhebliche sind, so daß mit genügender Genauigkeit gesagt werden kann, der Nutzeffekt ist beim Zweischraubenantrieb um $\sqrt{2}$ mal größer gegenüber demjenigen mit nur einer Schraube. Bei Verwendung von 3 und 4 Schrauben macht sich der Fehler jedoch bereits mehr geltend. Es bietet keine Schwierigkeit, die genaue Zunahme des Nutzeffektes, unter Berücksichtigung der Verminderung der Neigungswinkel zu ermitteln, augenblicklich jedoch handelt es sich nur darum, eine mit genügender Genauigkeit zutreffende Vorstellung über den Einfluß der Schraubenzahl auf den Wirkungsgrad zu gewinnen.

Bei dem dieser Betrachtung zu grunde liegenden Blériotschen Eindeckers Nr 9, würden sich weder in konstruktiver Hinsicht, noch in bezug auf die Gewichtsfrage, der Anordnung zweier Schrauben Hindernisse in den Weg stellen. Die Gewichtszunahme des Fliegers insbesondere, dürfte reichlich ausgeglichen werden durch den gegenüber dem Einschraubenantrieb um rund 20 PS. schwächeren Motor.

Jedoch läßt sich auch unter Beibehaltung nur einer Schraube der Wirkungsgrad nicht unbeträchtlich steigern, indem man zwischen Motor- und Schraubenwelle etwa eine Stirnradübersetzung ins Langsame einschaltet und entsprechend der geringeren Tourenzahl Durchmesser und Flügelbreite des Propellers so weit vergrößert, bis er dieselbe Zugkraft wie der Schnelläufer zu entfalten vermag.

Bei der vorliegenden Blériotschen Maschine könnte der Schraubendurchmesser reichlich um ½ m vergrößert werden, ohne daß man beim Landen eine Beschädigung des Propellers zu befürchten hätte.

### 3. Berechnung der Schrauben eines kleinen schnellfahrenden Motorballons mit geringem Aktionsradius.

Gegeben sei ein Luftschiff von 2300 cbm Deplacement und 120 PS. bei einer Länge von 54 m. Die Form desselben sei aus zwei Rotationsellipsoiden gebildet. Der größte Durchmesser berechnet sich dann zu $D = 9$ m (siehe Fig. 57).

Das Schiff soll eine Geschwindigkeit von 15 m per Sekunde bei voller Fahrt entwickeln.

Zu berechnen sind die Dimensionen der Schrauben.

Der Fahrwiderstand eines Luftschiffes bestimmt sich nun zunächst, wenigstens für unstarre Schiffe, mit ziemlicher Genauigkeit nach der Gleichung:

$$W = 1/6 \frac{\gamma}{g} c^2 F \quad . \; . \; . \; . \; . \; . \; . \quad 68)$$

wobei $F$ den größten Querschnitt des Schiffes bedeutet.

Der Faktor

$$\frac{\gamma}{g} c^2 F$$

entspricht dem Loeßlschen Luftwiderstandsgesetz für den Druck, den eine ebene Fläche erfährt, wenn sie mit einer Geschwindigkeit $c$ senkrecht zu sich selbst durch die Luft gezogen wird. Der Sinus des Einfallwinkels der Luft wird dann gleich 1.

Der Faktor 1/6 repräsentiert einen durch Versuche und durch den Vergleich mit der Praxis als ziemlich gut zutreffend festgestellten Erfahrungskoeffizienten, dessen Größe von der Form des Ballonkörpers abhängig ist.

Für halbstarre Schiffe ist dieser Faktor auf $^1/_5$ zu vergrößern, da der Fahrwiderstand des Gerüstes so viel ausmacht.

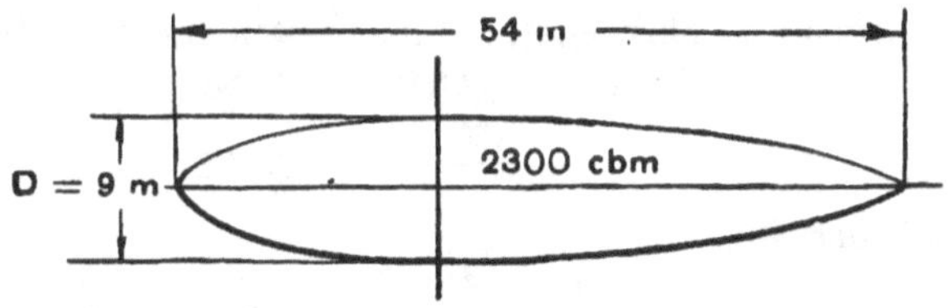


Fig. 57.

Denken wir uns ein unstarres Schiff, so bestimmt sich der Fahrwiderstand aus Gleich. 68) nach Einsetzen der Zahlenwerte zu:

$$W = 1/6 \,.\, 1/8 \,.\, 15^2 \, \frac{9^2 \, \pi}{4} \sim 300 \text{ kg}$$

wobei

$$\gamma/g \sim {}^1/_8$$

gesetzt ist.

Bei Verwendung von zwei Schrauben trifft auf jede Schraube eine Zugkraft von 150 kg, die von ihr bei 15 m Marschgeschwindigkeit entwickelt werden muß.

Ferner sei auf Grund der Raumverhältnisse an Bord des kleinen Schiffes vorgeschrieben, daß für den Durchmesser der Schrauben 4 m die alleräußerste Grenze bildet.

Wir haben also zunächst die Zugkraft einer Schraube $S =$ 150 kg und die zur Entwicklung dieser Zugkraft zur Verfügung stehende Motorenstärke von

$$N_i = \frac{120}{2} = 60 \text{ PS}.$$

Damit bestimmt sich bereits aus der Fundamentalgleichung 36)

$$N_i = \frac{S}{75} \cdot \frac{s\,n}{60}$$

das Produkt aus Tourenzahl und Steigung der Schraube zu:

$$s\,n = \frac{60 \cdot 75 \cdot 60}{150} = 1800.$$

Durch dieses Produkt ist der Nutzeffekt der Schraubenanlage bereits eindeutig bestimmt. Wir erhalten nämlich dafür nach Gleichung 39)

$$\eta = \frac{60}{s\,n} \cdot c = \frac{60 \cdot 15}{1800} = 0{,}5.$$

Derselbe Wert von nur 50 % ergibt sich natürlich auch, wenn wir den Nutzeffekt unmittelbar berechnen aus der Gleichung

$$\eta = \frac{N_e}{N_i}$$

denn aus dieser Gleichung war Gleichung 39) in Kapitel 4 des II. Abschnitts abgeleitet. Wir erhalten für die effektive, von der Schraube in Fahrt geleistete Arbeit

$$N_e = \frac{S \cdot c}{75} = \frac{150 \cdot 15}{75} = 30 \text{ PS.}$$

während uns für

$$N_i = 60 \text{ PS.}$$

pro Schraube gegeben ist. Wir erhalten also wiederum

$$\eta = \frac{N_e}{N_i} = \frac{30}{60} = 0{,}5.$$

Es fragt sich jetzt nur, ob der für die Schrauben zur Verfügung stehende Raum ausreicht, um die geforderte Zugkraft aus der Schraube herauszubringen, und wenn dies rechnungsmäßig möglich ist, ob die errechnete Flügelbreite $\beta$ nicht so groß wird, daß sie praktisch nicht mehr zweckmäßig erscheint. Die Flügelbreite soll aus aerodynamischen Gründen möglichst klein sein, und zwar um so kleiner, je kleiner der Schraubendurchmesser wird. Für ganz große Schrauben von 5 m Durchmesser mit 4 Flügeln, möchte ich 60 cm Flügelbreite schon als das äußerste Maß bezeichnen. Man kann nun allerdings durch Vermehrung der Flügelzahl deren Breite reduzieren. Die Flügelzahl soll jedoch auch ein gewisses Maß nicht überschreiten, da sonst ein Flügel dem andern die Luft wegnimmt.

Die Zeit $t$ welche verstreicht, bis ein Flügel den Bogen

$$\frac{2\,R\,\pi}{Z}$$

beschreibt und die sich bestimmt zu:

$$t = \frac{60}{n\,z}$$

(siehe Kap. 7 I) möchte ich nicht raten viel kleiner als $^1/_{20}$ Sekunde zu wählen.

Kehren wir nun zu unserem Beispiel zurück. Zunächst berechnen wir die Schraube unter der Voraussetzung, daß sie mathematisch korrekte Flächen besitzen möge, und wählen nun vor allem den äußeren Radius so groß, den inneren so klein wie möglich, um dadurch die anderen Dimensionen zu reduzieren.

Wir nehmen also an:

$$R = 1{,}95 \text{ m}$$
$$r = 0{,}3 \text{ m}$$

und Flügelzahl

$$z = 3$$

Das Produkt $s\,n$ hatten wir vorher bereits zu $s\,n = 1800$ ermittelt.

Wie die Faktoren dieses Produktes die übrigen Dimensionen beeinflussen, geht aus der Betrachtung der Gleichung 6) hervor, wobei daran erinnert sei, daß die Steigung durch den Faktor $a$ repräsentiert wird.

Große Tourenzahl und kleine Steigung vermindern den Durchmesser, kleine Tourenzahl und große Steigung vergrößern denselben. Dies geht deutlicher aus der Gleichung hervor, wenn wir das als konstant gegebene Produkt $s\,n$ mit den übrigen Konstanten der Gleichung zu einer gemeinsamen Konstanten $C$ zusammenfassen. Gleichung 6) zeigt dann die Form:

$$S_0 = C\,z\,\beta\,n\left(R^2 - r^2 - a^2\,ln\,\frac{R^2 + a^2}{r^2 + a^2}\right)$$

Wir wählen in unserem Beispiel zunächst die Tourenzahl $n = 450$.

Die Zeit zur Bestreichung des Bogens

$$\frac{2\,R\,\pi}{z}$$

bestimmt sich dann zu

$$t = \frac{60}{450\,.\,3} = \frac{1}{22{,}5} \text{ Sekunde;}$$

Wir sehen also, daß wir die Tourenzahl nicht viel höher wählen dürfen.

Die Steigung wird nun

$$s = \frac{1800}{450} = 4 \text{ m;}$$

Die letzte der noch fehlenden Dimensionen, die Flügelbreite $\beta$ bestimmt sich nun schließlich aus Gleichung 49) aus welcher wir nach Einsetzen der Zahlenwerte erhalten:

$$150 = 3\,\beta\,\frac{1}{8}\,\frac{\pi}{3600}\,(4\,.\,450^2 - 60\,.\,15\,.\,450)$$

$$\left[1{,}95^2 - 0{,}3^2 - \left(\frac{4}{2\,\pi}\right)^2 \ln \frac{1{,}95^2 + \left(\frac{4}{2\,\pi}\right)^2}{0{,}3^2 + \left(\frac{4}{2\,\pi}\right)^2}\right]$$

und daraus $\beta = 0{,}4$ m.

Wir erhalten also eine Flügelbreite von 40 cm, die ganz annehmbar wäre. Die Verhältnisse gestalten sich jedoch noch günstiger, da diese Flügelbreite zunächst für normale Schraubenflächen gilt. Wir kommen nun zur Reduktion der Flügelbreite für gewölbte Flächen.

Zunächst wählen wir den Wölbungsgrad für alle Flächenelemente konstant zu $\varphi = {}^1/_{40}$.

Hierauf zeichnen wir uns die Kurve der Einfallswinkel $\alpha'$ die in Fig. 58 dargestellt ist. Aus derselben entnehmen wir zwischen den Grenzen $r = 0{,}3$ m und $R = 1{,}95$ m den mittleren Einfallswinkel

$$\alpha'_m = 14^0;$$

Nach Fig. 42 bestimmt sich nunmehr der zu diesem Neigungswinkel gehörige mittlere Wölbungskoeffizient der Schraube zu

$$K_m = 2$$

so daß wir schließlich aus Gleichung 66) die reduzierte und in Ausführung zu bringende Flügelbreite erhalten zu:

$$\beta' = \frac{\beta}{K_m} = \frac{40}{2} = 20 \text{ cm.}$$

Wir haben demnach für die Schraube festgestellt:

$$R = 1{,}95 \text{ m}$$
$$r = 0{,}3 \text{ m}$$
$$\beta' = 0{,}2 \text{ m}$$
$$Z = 3$$
$$\varphi = {}^1/_{40}$$
$$s = 4 \text{ m}$$
$$n = 450$$
$$\eta = 0{,}5$$

Die eingangs der Rechnung ausgesprochene Befürchtung, daß die auszuführende Flügelbreite zu groß ausfallen möchte, war also unbegründet. Die Flügelbreite von 20 cm ist für die vorliegenden Verhältnisse eine sehr günstige. Wir sehen jetzt nach Ausführung der Rechnung, daß wir die Flügelzahl der Schraube sogar auf 2 vermindern können, ohne die Flügelbreite zu sehr zu vergrößern.

Die Zugkraft erfährt dadurch keine Aenderung, wenn nur das Produkt aus Flügelzahl und Flügelbreite das gleiche bleibt. Wir haben $z \cdot \beta' = 3 \cdot 20 = 60$ und innerhalb gewisser praktischer Grenzen können wir die beiden Faktoren beliebig abändern.

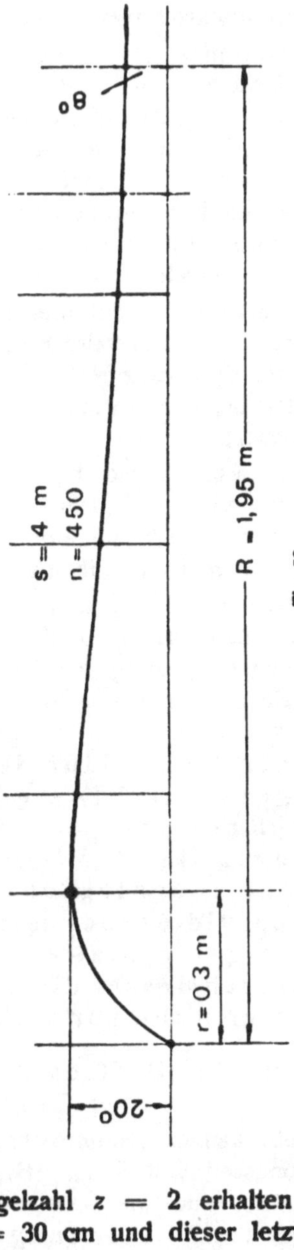


Fig. 58.

Für die Flügelzahl $z = 2$ erhalten wir somit eine Flügelbreite $\beta' = 30$ cm und dieser letzteren Ausführung würde der Vorzug zu geben sein.

Die verhältnismäßig geringe Flügelbreite von 30 cm in Verbindung mit der kleinsten Flügelzahl $z = 2$ gewährleisten außerordentlich günstige aerodynamische Verhältnisse, so daß die der Berechnung zu Grunde liegende Zugkraft mit Sicherheit erwartet werden kann.

Ein besserer Nutzeffekt jedoch als 50 % ist unter den vorliegenden Verhältnissen nur schwer zu erzielen, da eine wesentliche Verminderung des Produktes aus Tourenzahl und Steigung und damit eine wesentliche Steigerung des Wirkungsgrades, nur durch Vergrößerung des Schraubendurchmessers, oder durch Vergrößerung der Schraubenzahl erreicht werden könnte. Beides ist jedoch für dieses kleine Fahrzeug nicht gut möglich zu machen.

Das Produkt aus Tourenzahl und Steigung läßt sich nun allerdings auch noch herabdrücken, indem man den für die Schraube zur Verfügung stehenden Raum möglichst reichlich mit Flächen belegt, also indem man Flügelzahl und Flügelbreite vergrößert.

Ich habe jedoch schon vorher bemerkt, daß man dabei aus aerodynamischen Gründen nicht zu weit gehen darf, da zu breite und zu dicht aufeinanderfolgende Flügel keine günstigen Verhältnisse mehr gewährleisten.

Außerdem treten Flügelzahl und Flügelbreite in den Gleichungen für die Zugkraft nur in der ersten Potenz auf, so daß bei gegebener Steigung die Vergrößerung dieser beiden Faktoren kein nennenswertes Nachlassen der Tourenzahl im Gefolge hat.

In wirksamer Weise läßt der Nutzeffekt sich nur steigern durch Vergrößerung des Schraubendurchmessers, der in den Zugkraftsgleichungen in der zweiten Potenz vertreten ist und außerdem durch seine Vergrößerung auch die aerodynamischen Verhältnisse günstiger gestalten muß, da mit wachsendem Durchmesser die Bewegung der Luft mit größerer Ruhe vor sich gehen kann.

### 4. Berechnung der Luftschrauben eines Sportballons mit geringer Geschwindigkeit.

Gegeben ist ein kleiner Ballon von 2000 cbm Inhalt und einem Durchmesser von 9 m. Der Ballon ist für Sportzwecke bestimmt, und die Sportleistung wird darin erblickt, daß er unter Benutzung des Windes möglichst große Strecken zurücklegt. Das Schiff fährt also prinzipiell nicht gegen den Wind, sondern wählt sein Ziel stets in der Windrichtung, wobei es unterwegs in der Lage ist, nach Belieben alle Orte zu passieren, die nicht zu weit von der Windrichtung abliegen.

Die Eigengeschwindigkeit braucht also keine große zu sein, da gleichzeitig die Windgeschwindigkeit ausgenutzt wird. Ferner ist im allgemeinen eine Rückkehr zum Ausgangspunkt nicht vorgesehen. Der Ballon, dessen Rauminhalt den eines Freiballons nicht übersteigt, wird nach Beendigung der Fahrt gerissen und muß bequem verpackt und transportiert werden können. Am besten empfehlen sich daher für die Schrauben eines solchen Fahrzeuges entweder schlaffe Parsevalsche Schrauben oder Schrauben mit abnehmbaren Flügeln, die auf zerlegbaren Schraubengerüsten montiert sind.

Bei geschickter Konstruktion hindert dann nichts, sogar 2 Schrauben zur Anwendung zu bringen, obwohl möglichste Einfachheit für die Konstruktion eines Sportfahrzeuges in den Vordergrund treten muß.

Für die Geschwindigkeit seien 9 m vorgeschrieben.

Wir erhalten dann einen Fahrwiderstand

$$W = \frac{1}{6} \cdot \frac{1}{8} \cdot \frac{81\,\pi}{4} \cdot 81 \sim 110 \text{ kg}$$

und bei Verwendung von 2 Schrauben für jede 55 kg Zugkraft, die bei 9 m Marsch zu entwickeln sind.

Mehr als 2,40 m Durchmesser für die Schrauben lassen die Raumverhältnisse an Bord des Fahrzeuges nicht zu.

Zu berechnen sind die Schrauben und die zum Betrieb des Schiffes erforderliche Motorenstärke.

Wir wählen zunächst für die Schrauben folgende Dimensionen:

**Aeußerer Radius:** $R = 1{,}2$ m
**Innerer Radius:** $r = 0{,}2$ m
**Flügelzahl:** $z = 3$
**Flügelbreite:** $\beta = 50$ cm

für normale Schraubenflächen unter Berücksichtigung der für die gewölbten Flächen nachträglich erfolgenden Reduktion der Flügelbreite.

**Steigung** $s = 3$ m;
**Wölbungsgrad** $\varphi = {}^1/_{25}$;

Die Tourenzahl der Schraube ermittelt sich dann aus Gleichung 49) die nach Einsetzen der Zahlenwerte und nach einigen Zusammenziehungen übergeht in:

$$n^2 - 180\,n = 113\,500$$

8*

Die positive Wurzel dieser quadratischen Gleichung liefert uns die gesuchte Tourenzahl der Schraube zu $n = 440$.

Damit bestimmt sich die zum Betriebe einer Schraube erforderliche Motorenstärke aus Gleichung 36) zu:

$$N_i = \frac{55}{75} \cdot \frac{3 \cdot 440}{60} \sim 16 \text{ PS.}$$

so daß wir also für das vorliegende Sportfahrzeug einen 32pferdigen Motor brauchen.

Der Nutzeffekt der Schraubenanlage wird schließlich

$$\eta = \frac{S \cdot c}{75\, N_i} = \frac{55 \cdot 9}{75 \cdot 16} \sim 0{,}41$$

also 41 %.

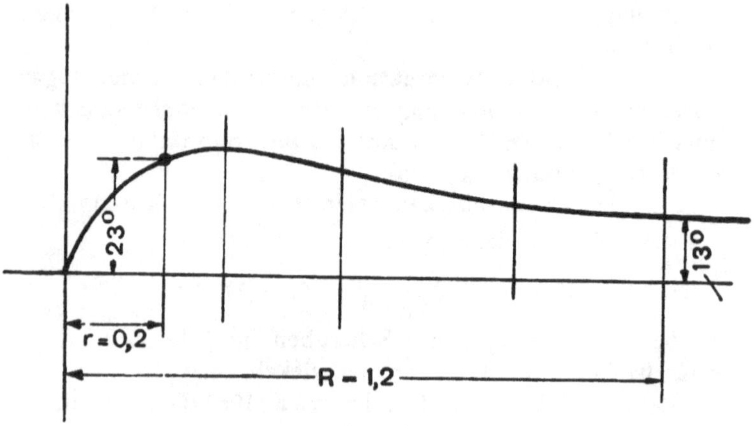


Fig. 59.

Es fehlt nun noch die Flügelbreite $\beta'$ der Schraube für gewölbte Flächen, denn die zunächst für normale Flächen für die Ausführung der Rechnung angenommenen Flügelbreite von 50 cm wäre viel zu groß.

Wir zeichnen uns also wieder nach Fig. 59 die Kurve der Einfallswinkel $\alpha'$ auf, und entnehmen ihr innerhalb des benutzten Gebietes den mittleren Einfallswinkel zu:

$$\alpha'_m \sim 18^0.$$

Dazu erhalten wir aus Fig. 23 den mittleren Wölbungskoeffizienten zu

$$K_m \sim 2$$

und schließlich die auszuführende Flügelbreite nach Gleichung 66) zu:

$$\beta' = \frac{\beta}{K_m} = \frac{50}{2} = 25 \text{ cm}$$

womit die gestellte Aufgabe gelöst ist.

## 5. Berechnung der Schraubenanlage eines großen schnellfahrenden Motorballons mit hohem Nutzeffekt.

Gegeben ist ein 8000 cbm Motorballon von 12 m Durchmesser, mit 3 Gondeln, deren jede in der Lage sein soll, 2 Schrauben bis zu 5 m Durchmesser aufzunehmen.

Die Fahrgeschwindigkeit soll normal 17 m per Sekunde betragen, unter Umständen jedoch auch darüber hinaus gesteigert werden können.

Der Fahrwiderstand des Schiffes ermittelt sich zunächst wieder nach Gleichung 68) zu:

$$W = \frac{1}{6} \cdot \frac{1}{8} \frac{12^2 \pi}{4} \cdot 17^2 \sim 680 \text{ kg};$$

so daß jede der 6 vorgesehenen Schrauben bei 17 m Marsch eine Zugkraft zu liefern hat von

$$S = \frac{680}{6} \sim 115 \text{ kg};$$

Die Dimensionen der Schraube wählen wir zunächst zu:

| | |
|---|---|
| Aeußerer Radius | $R = 2.5$ m |
| Innerer Radius | $r = 0,3$ m |
| Flügelzahl | $z = 4$ |
| Flügelbreite | $\beta = 1$ m |

für normale Schraubenflächen unter Berücksichtigung der für die gewölbten Flächen nachträglich erfolgenden Reduktion.

Steigung $s = 4$ m
Wölbungsgrad $\varphi = {}^1/_{25}$

Nach Einsetzen dieser Zahlenwerte in Gleichung 49) erhalten wir schließlich für die Tourenzahl der vorliegenden Schraube die quadratische Gleichung:

$$n^2 - 255\, n = 12\,850$$

und daraus liefert uns die positive Wurzel die zur Entwickelung der gewünschten Zugkraft erforderliche Tourenzahl zu:

$$n = 300$$

Der Arbeitsbedarf bei dieser Tourenzahl und Marschgeschwindigkeit von 17 m bestimmt sich aus Gleichung 36) zu:

$$N_i = \frac{115}{75} \cdot \frac{4\,.\,300}{60} \sim 30 \text{ PS}.$$

und der Nutzeffekt der Schraubenanlage nach Gleichung 39) zu:

$$\eta = \frac{c}{\frac{s\,n}{60}} = \frac{17}{\frac{4\,.\,300}{60}} = 0{,}85$$

also 85 %.

Die gesamte Maschinenkraft des Schiffes ergibt sich zu $6 \cdot 30 = 180$ PS.

Es fehlt nun noch die Reduktion der Flügelbreite für gewölbte Flächen.

In Fig. 38 ist bereits die Kurve der Einfallswinkel für die vorliegende Schraube von 4 m Steigung bei 300 Touren und 17 m Marsch enthalten. Wir entnehmen ihr den mittleren Einfallswinkel zu $c$ 4°, für den sich aus Fig. 23 ein Wölbungskoeffizient

$$K_m \sim 3{,}3$$

ergibt, so daß die auszuführende Flügelbreite nach Gl. 66) wird:

$$\beta' = \frac{\beta}{K_m} = \frac{100}{3{,}3} \sim 30 \text{ cm};$$

Diese starke Reduktion ist eine Folge des geringen mittleren Einfallswinkels, und wir sind daher in der Lage, die Flügelzahl von 4 auf 3 zu vermindern, wenn wir die Flügelbreite auf 40 cm erhöhen. Diese letztere Ausführung ist vorzuziehen, da sie eine größere Ruhe der Luftbewegung gewährleistet, obwohl auch bei Anwendung von 4 Flügeln die zur Bestreichung des Bogens

$$\frac{2 R \pi}{z}$$

erforderliche Zeit gerade $^1/_{20}$ Sekunde beträgt, also sich noch innerhalb der Grenze hält, die ich nicht zu überschreiten für ratsam halte.

Der hohe Nutzeffekt dieses großen schnellfahrenden Schiffes von 85% ist eine Folge der großen Schraubenzahl und ferner des weiten für die Schrauben zur Verfügung stehenden Raumes, beides Möglichkeiten, die nur große Schiffe gewähren. Diese Umstände gestatten die ideelle Marschgeschwindigkeit

$$c_i = \frac{s\, n}{60}$$

bei welcher der Nutzeffekt der Schraube gleich 1 wird, dicht an die Marschgeschwindigkeit des Schiffes heranzubringen. (Siehe Fig. 16.) In unserem Falle beträgt der Unterschied zwischen $c$ und $c_i$ nur 3 m.

Dieser Nutzeffekt von 85% würde bei dem vorliegenden Schiffe auch erreicht werden können, da die für den großen Durchmesser geringe Flügelbreite und Flügelzahl der Schrauben sehr günstige aerodynamische Verhältnisse sichern.

Es könnte nun noch die Befürchtung laut werden, daß die in diesem besonderen Falle in Abständen von ca. 30 m hintereinander laufenden Schrauben, durch ihren Luftstrom die Arbeit der nachfolgenden Schrauben stören könnten.

Dagegen ist jedoch zu bemerken, daß infolge des geringen Unterschiedes zwischen der ideellen und der tatsächlichen Marschgeschwindigkeit der Schrauben, der Luftstrom der vorderen Schrauben nicht mehr in der Lage ist, die Arbeit der folgenden zu beeinträchtigen.

Ein Punkt darf nun allerdings nicht übersehen werden, nämlich der außerordentlich geringe Lufteinfallswinkel, der für die konstante Steigung von 4 m bei unserer Tourenzahl und Marschgeschwindigkeit für alle Flächenelemente der Schraube fast genau konstant zu 4 $^{0}$ sich erhält, wie aus Fig. 38 erkennbar ist.

Bei derartig geringen Winkeln darf die Luftreibung nicht mehr vernachlässigt werden, da die Luftwiderstandskraft sich nach den Lilienthalschen Figuren 30 und 31 für diesen Winkel bereits kräftig hinter die Normale legt, so daß unsere Rechnung eine größere Zugkraft bei geringerem Arbeitsaufwand liefert, als dies in Wirklichkeit zutrifft, während bei unseren früheren Beispielen das Gegenteil der Fall war, da die mittleren Neigungswinkel, was übrigens die Regel ist, sich innerhalb der Grenzen bewegten, bei denen die Luftwiderstandskraft gegenüber der Normalen etwas voraus gerichtet ist.

In Berücksichtigung dieses Umstandes schätzen wir die zum Betrieb einer Schraube unter den gestellten Bedingungen erforderliche Motorstärke zu 35 PS., so daß die gesamte Maschinenkraft des Schiffes ca. 210 PS. erreichen müßte, um die gewünschte normale Marschgeschwindigkeit von 17 m zu erzielen.

Der vorher errechnete Nutzeffekt von 85% wird daher unter dem Einflusse der Luftreibung um ca. 10% heruntergedrückt, und der anfängliche Nutzeffekt wäre nur durch eine weitere Vergrößerung des Schraubendurchmessers zu erreichen.

Mehr als 5 m Durchmesser verbieten jedoch die Raumverhältnisse der Schiffe, wenngleich der Möglichkeit der konstruktiven Ausführung durch dieses Maß noch keine Grenze gezogen wäre. Auch die Gewichtsfrage solch großer Schrauben würde noch keine wesentliche Rolle spielen. So wiegt z. B. die in Fig. 60 abgebildete Schraube von 5 m Durchmesser, 45 cm Flügelbreite und 4 m Steigung nicht ganz 100 kg. Diese aus Holz, hohl konstruierte Schraube, deren

Dimensionen nach der in dieser Arbeit niedergelegten Rechnungsmethode ermittelt wurden, ist für eine Arbeitsaufnahme von 150 PS. gebaut, der sie in ihrer Festigkeit durchaus gewachsen ist. Es ist also zu erwarten, daß die in diesem Beispiele berechneten Schrauben an Gewicht noch erheblich leichter gehalten werden können, als die in Fig. 60 vorgeführte Schraube.

Fig. 60.

Schließlich wurde noch eingangs dieses Kapitels die Bedingung gestellt, daß die Marschgeschwindigkeit gegebenenfalls auch 17 m überschreiten müsse.

Wir erhöhen daher die gesamte Maschinenkraft des Schiffes auf 250 PS., die bei der Größe desselben ohne Schwierigkeit getragen werden können. Es würde sich selbst eine 300pferdige und noch stärkere Maschinenanlage mit noch reichlichen Benzinvorräten bequem in einem 8000 cbm Ballon unterbringen lassen, so daß also eine Geschwindigkeit von 17 m per Sekunde noch lange nicht die Grenze der heutzutage bereits mit Motorballons erreichbaren Geschwindigkeiten darstellt.

Ich wollte durch dieses Beispiel nur zeigen, daß es durchaus keine Schwierigkeiten bietet, Motorballons zu bauen, die sowohl an Geschwindigkeit, als auch an Nutzeffekt sich getrost mit der Flugmaschine messen können.

Durch die im letzten Abschnitte dieses Buches vorgeführten Rechnungsbeispiele glaube ich in erschöpfender Weise gezeigt zu haben, wie die Anwendung der von mir abgeleiteten Gleichungen in der Praxis gedacht ist, so daß also hiermit meine Aufgabe erledigt wäre.

Bevor ich schließe, möchte ich noch einmal den zweckmäßigsten Rechnungsgang kurz andeuten:

Zunächst wählt man unter weitgehendster Ausnutzung des für die Schrauben zur Verfügung stehenden Raumes auf Grund der Erfahrung die Schraubendimensionen.

Hierauf berechnet man nach Gl. 49, unter Zugrundelegung der von der Schraube geforderten Zugkraft die Tourenzahl und aus Gl. 36 die zum Betrieb der Schraube erforderliche Motorenstärke.

Die folgende Arbeit besteht in der Aufzeichnung der Kurve für die Lufteinfallswinkel $\alpha'$ und in der Feststellung des mittleren Einfallswinkels $\alpha'_m$.

Ist dieser Winkel aus irgend welchen Gründen nicht genehm, so kann er nach Wunsch geändert werden, durch größere oder kleinere Wahl der Steigung und Wiederholung der Rechnung.

Mit Hilfe des mittleren Einfallswinkels bestimmt man nun den mittleren Wölbungskoeffizienten $k_m$ aus den durch die Versuchsresultate bekannten Kurven der Wölbungskoeffizienten für den gewählten Wölbungsgrad, worauf sich schließlich aus Gl. 66, die letzte der unbekannten Größen, die reduzierte Flügelbreite $\beta'$ ergibt.

Fällt diese sehr schmal aus, so kann man die Flügelzahl vermindern, und falls dies nicht mehr möglich sein sollte, ist die Rechnung nochmals durchzuführen.

Wird die Flügelbreite dagegen so groß, daß aus aerodynamischen Gründen unvollkommene Wirkungen befürchtet werden müssen, so ist die Rechnung gleichfalls zu wiederholen, sofern die Flügelbreite nicht durch Erhöhung der Flügelzahl reduziert werden kann.

Im ersteren Falle ergibt sich dann eine kleinere, im zweiten Falle eine größere Tourenzahl als bei der ersten Berechnung.

Bei einiger Erfahrung jedoch gelingt die Rechnung bald auf das erste Mal.

Die Hauptsache für den Entwurf der Schraubenanlage bleibt jedoch immer die, daß man den für die Schrauben zur Verfügung stehenden Raum bis aufs äußerste ausnutzt, der Nutzeffekt wird dann ganz von selbst ein Maximum werden.

---

Druck von Siegfried Scholem, Berlin-Schöneberg, Hauptstr. 6

Kolibri 360 GmbH
Ferdinand-Jühlke-Straße 7
99095 Erfurt, Deutschland
produktsicherheit@kolibri360.de